教育部职业教育与成人教育司推荐教材
中国－澳大利亚（重庆）职业教育与培训项目
中等职业教育建筑工程施工专业系列教材

■总主编　江世永　　■执行总主编　刘钦平

建筑施工职场健康与安全

（第3版）

主　编　刘钦平
副主编　郑开禄　刘龙军
参　编　黄忠友　马祥华

重庆大学出版社

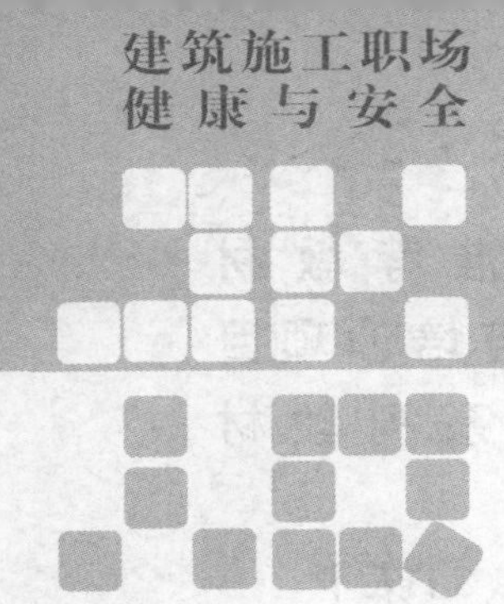

NEIRONGTIYAO

内容提要

本书是教育部职业教育与成人教育司推荐教材。全书共6章,主要内容包括树立职场健康与安全防范意识、建筑施工现场安全防护技术、建筑“三宝”及个人防护用品、施工现场临时用电的安全防护、建筑施工现场安全急救、职业病的防治与施工现场环境保护等。

本书可作为中等职业教育建筑工程施工专业的教学用书,也可作为建筑业从业人员的上岗培训用书。

图书在版编目(CIP)数据

建筑施工职场健康与安全 / 刘钦平主编. -- 3版.
-- 重庆 : 重庆大学出版社,2021.1
中等职业教育建筑工程施工专业系列教材
ISBN 978-7-5624-3915-8

Ⅰ.①建… Ⅱ.①刘… Ⅲ.①建筑企业—劳动卫生—卫生管理—中国—中等专业学校—教材②建筑企业—劳动保护—劳动管理—中国—中等专业学校—教材 Ⅳ.①TU714

中国版本图书馆CIP数据核字(2020)第167592号

中等职业教育建筑工程施工专业系列教材
建筑施工职场健康与安全
(第3版)
主　编　刘钦平
副主编　郑开禄　刘龙军
策划编辑:刘颖果　范春青
责任编辑:王　华　　版式设计:游　宇
责任校对:王　倩　　责任印制:赵　晟
*
重庆大学出版社出版发行
出版人:饶帮华
社址:重庆市沙坪坝区大学城西路21号
邮编:401331
电话:(023) 88617190　88617185(中小学)
传真:(023) 88617186　88617166
网址:http://www.cqup.com.cn
邮箱:fxk@cqup.com.cn (营销中心)
全国新华书店经销
重庆俊蒲印务有限公司印刷
*
开本:787mm×1092mm　1/16　印张:9.5　字数:233千
2008年6月第1版　2021年1月第3版　2021年1月第8次印刷
印数:15 001—18 000
ISBN 978-7-5624-3915-8　定价:29.00元

序　言

建筑业是我国国民经济的支柱产业之一。随着全国城市化建设进程的加快,基础设施建设急需大量的具备中、初级专业技能的建设者。这对于中等职业教育的建筑专业发展提出了新的挑战,同时也提供了新的机遇。根据《国务院关于大力推进职业教育改革与发展的决定》和教育部《关于〈2004—2007 年职业教育教材开发编写计划〉的通知》的要求,我们编写了中等职业教育工业与民用建筑专业教育改革实验系列教材。

目前我国中等职业教育建筑专业所用教材,大多偏重于理论知识的传授,内容偏多、偏深,在专业技能方面的可操作性不强。另一方面,现在的中职学生文化基础相对薄弱,对现有教材难以适应。在教学过程中,普遍反映教师难教、学生难学。为进一步提高中等职业教育教学水平,在大量调查研究和充分论证的基础上,我们组织了具有丰富教学经验和丰富工程实践经验的双师型教师和部分高等院校教师以及行业专家编写了这套系列教材,本系列教材的大部分作者直接参与了中澳(重庆)职教项目,他们既了解中国职教的情况,又掌握了澳大利亚先进的职教理念。本系列教材充分反映了中澳(重庆)职教项目多年合作的成果,部分教材已试用多年,效果很好。

中等职业教育建筑工程施工专业毕业生的就业单位主要面向施工企业。从就业岗位看,以建筑施工一线管理和操作岗位为主,在管理岗位中施工员人数居多;在操作岗位中钢筋工、砌筑工需求量大。为此,本系列教材将培养目标定位为:培养与我国社会主义现代化建设要求相适应,具有综合职业能力,能从事工业与民用建筑的钢筋工、砌筑工等其中一种的施工操作,进而能胜任施工员管理岗位的中级技术人才。

本套系列教材编写的指导思想是:充分吸收澳大利亚职业教育先进思想,体现现代职业教育先进理念;坚持以社会就业和行业需求为导向,适应我国建筑行业对人才培养的需求;适合目前中职教育教学的需要和中职学生的学习特点;着力培养学生的动手和实践能力。系列教材在编写过程中遵循“以能力为本位,以学生为中心,以学习需求为基础”的原则,在内容取舍上坚持“实用为准,够用为度”的原则,充分体现中职教育的特点和规律。

本系列教材编写具有如下特点:

1.采用灵活的模块化课程结构,以满足不同学生的需求。系列教材分为两个课程模块:通用模块、岗位模块(包括管理岗位和操作岗位两个模块),学生可以有选择性地学习不同的模块课程,以达到不同的技能目标来适应劳动力市场的需求。

2.知识浅显易懂,精简理论阐述,突出操作技能。突出操作技能和工序要求,重在技能操作培训,将技能进行分解、细化,使学生在短时间内能掌握基本的操作要领,达到“短、平、快”的学习效果。

3.采用“动中学”“学中做”的互动教学方法。系列教材融入了对教师教学方法的建议和指导，教师可根据不同资源条件选择使用适宜的教学方法，组织丰富多彩的“以学生为中心”的课堂教学活动，提高学生的参与程度，坚持培养学生能力为本，让学生在各种动手、动口、动脑的活动中，轻松愉快地学习，接受知识，获得技能。

4.表现形式新颖、内容活泼多样。教材辅以丰富的图标、图片和图表。图标起引导作用，图片和图表作为知识的有机组成部分，代替了大篇幅的文字叙述，使内容表达直观、生动形象，能吸引学习者的兴趣。教师讲解和学生阅读两部分内容，分别采用不同的字体以示区别，让师生一目了然。

5.教学手段丰富、资源利用充分。根据不同的教学科目和教学内容，教材中采用了如录像、幻灯、实物、挂图、试验操作、现场参观、实习实作等丰富的教学手段，有利于充实教学方法，提高教学质量。

6.注重教学评估和学习鉴定。每章结束后，均有对教师教学质量的评估、对学生学习效果的鉴定方法。通过评估、鉴定，师生可得到及时的信息反馈，以利不断地总结经验，提高学生学习的积极性，改进教学方法，提高教学质量。

本系列教材可以供中等职业教育建筑工程施工专业学生使用，也可以作为建筑从业人员的参考用书。

在本系列教材编写过程中，得到了重庆市教育委员会、中国人民解放军后勤工程学院、重庆市教育科学研究院和重庆市建设岗位培训中心的指导和帮助，尤其是重庆市教育委员会刘先海、张贤刚、谢红，重庆市教育科学研究院向才毅、徐光伦等为本系列教材的出版付出了艰辛劳动。同时，本系列教材从立项论证到编写阶段都得到了澳大利亚职业教育专家的指导和支持，在此表示衷心的感谢！

江世永
2007年8月于重庆

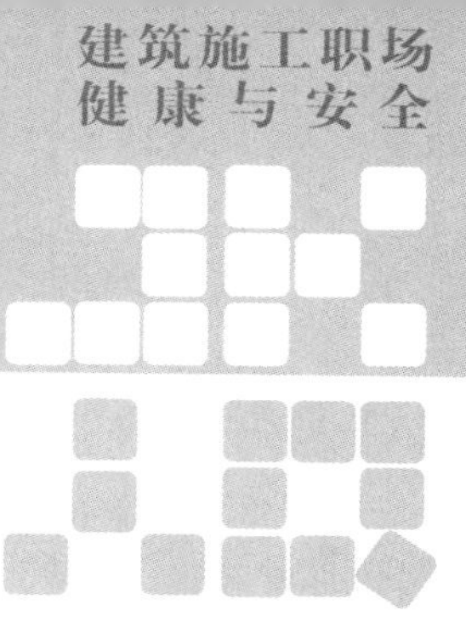

前　言

本书是依据中等职业教育土木水利类建筑工程施工专业教学标准和现行的与施工安全相关的法律法规、国家规范、行业标准，借鉴澳大利亚职业教育理念，并结合我国建筑业的发展现状和中等职业教育特点编写而成的。建筑业是安全事故的高发行业，建筑施工职场健康与安全已引起人们的高度重视。要防止和杜绝安全事故的发生，应从源头抓起，即从建筑业的从业人员和预备从业人员的教育培训抓起。

本课程是中等职业教育土木与水利类专业的一门通用课程。开设本课程的目的是使学习者具备建筑施工职场健康与安全的基本知识和技能，提高安全防范意识。其任务是使学习者了解有关建筑施工职场健康与安全的法律法规、施工现场安全急救的常识和方法，熟悉职业卫生和施工现场环境保护知识，掌握施工现场临时用电安全、施工现场安全技术、建筑施工常用机械的安全操作等。

本书以适用、够用为原则，以实际需求为基础，以行业发展为导向，以能力培养为目的，以学生为中心，采用了灵活多样的练习活动、鉴定形式，以加强学习者对基本知识的掌握和提高学习者的实际动手操作能力。

本书共分为 6 章，总教学时数为 40 学时，各章建议教学时数见右表。

章　次	建议学时数
1	6
2	14
3	6
4	6
5	4
6	4

本书由重庆工商学校高级讲师、高级工程师刘钦平担任主编。第 3,4,6 章由重庆工商学校刘钦平、刘龙军编写，第 1,5 章由重庆商务职业学院郑开禄、重庆工商学校马祥华编写，第 2 章由重庆市江津区德感工业园发展中心黄忠友、重庆工商学校马祥华编写。

由于编者水平有限，书中不足与错误之处敬请读者批评指正。

编　者

2020 年 8 月

目 录

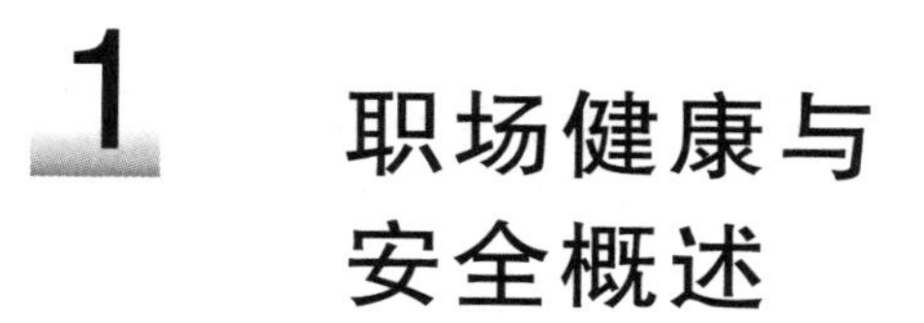

1 职场健康与安全概述

本章内容简介

职场健康与安全的重要性

建筑施工职场健康与安全法规

建筑施工安全事故案例鉴定与评估

本章教学目标

了解职场健康与安全的概念

理解建筑施工健康与安全的指导方针、安全生产责任制、健康与安全教育培训制度与安全检查制度

掌握建筑施工工伤事故调查处理程序

熟悉与安全有关的法律法规

了解建筑施工事故的鉴定与评估方法

问题引入

在建筑施工中,安全生产、文明施工始终是建筑企业经营过程中非常重要的环节。保护建筑从业人员在施工过程中的健康与安全,是贯彻落实我们党和国家"以人为本"和创建"和谐社会"基本方针的体现,也是各级领导应当依法履行的神圣职责,更是我们自身珍惜生命、关爱健康的需要。

那么,什么是职场健康与安全?国家对建筑施工安全有哪些法律规定?建筑施工现场如何对安全进行管理?下面,我们就从树立职场健康与安全防范意识开始,学习有关建筑施工职场健康与安全方面的基本知识。

1.1 职场健康与安全的重要性

问题引入

你知道吗?建筑业的安全事故发生率仅次于煤矿交通及其他矿山开采业!请依据图1.1,想一想,为什么建筑业存在较大的危险性?

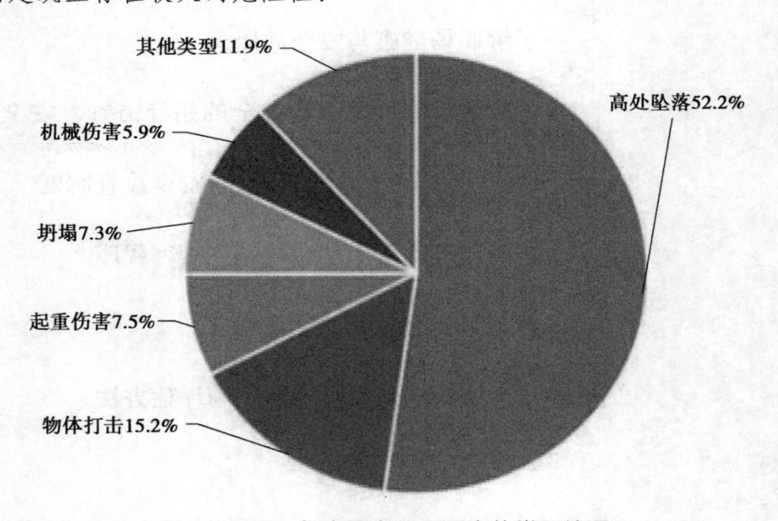

图 1.1　2018 年房屋市政工程事故类型情况

这是因为:

- 建筑工程施工主要是露天作业,受自然条件影响较大,不安全因素相对较多。
- 建筑工程施工很多属高空作业,因此危险性更大。

• 目前建筑工程施工还多为劳动密集型的人工施工，工作繁重，体力消耗大，容易产生疲劳，从而导致安全事故发生。

• 安全事故发生率居高不下的根本原因还在于我国建筑施工人员文化素质偏低、流动性大、安全知识匮乏、安全意识薄弱、自我防护意识差，领导重视不够、管理不善，责任不明，规章制度不健全、不落实，专用资金不到位等。

2018 年，全国房屋市政工程生产安全事故按照类型划分（图 1.1），高处坠落事故 383 起，占总数的 52.2%；物体打击事故 112 起，占总数的 15.2%；起重伤害事故 55 起，占总数的 7.5%；坍塌事故 54 起，占总数的 7.3%；机械伤害事故 43 起，占总数的 5.9%；车辆伤害、触电、中毒和窒息、火灾和爆炸及其他类型事故 87 起，占总数的 11.9%。为了更好地在广大建筑施工人员中普及安全知识，提高安全意识，增强自我保护能力，必须加强对建筑施工人员进行健康与安全教育培训，以提高他们对职场健康与安全的意识和自我保护能力。

提问回答

当你即将迈入职业生涯时，首先考虑的问题是什么？请谈谈你的想法。

1.1.1 职场健康与安全的概念

在人们的工作活动或工作环境中，总是存在潜在的危险源，如果危险发生，就可能会损坏财物、危害环境、影响人体健康，甚至造成伤害事故。这些危险源有化学的、物理的、生物的和其他种类的，人们将某些危险引发的可能性和其可能造成的后果称为风险。风险可用发生概率、危害范围、损失大小等指标来评定，现代职业安全健康管理的对象就是职业安全健康风险。据管理学家分析发现，一家公司里的问题，大约有 15%可以由一般职员控制，85%以上可以由管理层人员控制，损失并不是商业上“不可避免”的成本，而是可以通过管理来预防和消除的。

职业健康安全是指一组影响特定人员健康与安全的条件和因素。受影响的人员包括在工作场所内组织的正式员工、临时员工，也包括进入工作场所参观的访问人员和其他人员，如推销员、顾客等。

知识窗

亚健康

1999 年，世界卫生组织（WHO）指出：亚健康与艾滋病是 21 世纪人类健康的最大敌人！亚健康是指人体处于健康和疾病之间的一种状态。处于亚健康状态者，不能达到健康的标准，表现为一定时间内的活力降低、功能和适应能力减退的症状，但不符合现代医学有关疾病的临床或亚临床诊断标准。医学上把健康称为人体“第一状态”，把身患疾病称为“第二状态”，而处于中间状态的“亚健康”的特征是患者体虚困乏、易疲劳、失眠、休息质量不高、记忆力下降、注意力不易集中、适应能力减退、精神状态欠佳，甚至不能正常生活和工作等。

1.1.2 建筑施工职场健康与安全的指导方针

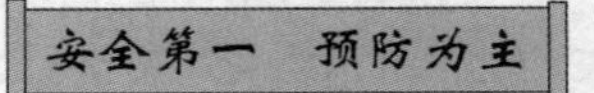

1）安全第一

①确立保护人的安全和健康是第一位的原则，尽最大努力避免人员伤亡和职业病的发生。

②劳动者在各自的工作岗位上把贯彻安全生产法规摆在第一位，绝不做有损安全生产的事情。

③当生产任务同安全发生矛盾时，坚决贯彻"生产服从安全"的原则，在排除不安全因素后再进行生产。

④把安全生产工作作为考核企业的一项重要内容，管生产必须管安全，安全生产不好的企业不能评为先进企业，也不能升级。

⑤进行新建、扩建、改建工程时，应确保安全设施的投入，保证安全设施与工程项目同时设计、同时施工、同时投产。

2）预防为主

①对事故的预防。事故虽然有意外性、偶然性和突发性，但它也有一定的规律，因此可以通过采用现代安全管理的方法，提高劳动者的安全意识，运用先进的技术手段来预测危险因素和预防危险情况的发生。

②对职业危害的预防。职业危害造成的后果并不亚于伤亡事故，如有些行业的生产作业场所，粉尘和有毒气体浓度较高，职业病发生率也较高，对人体伤害很大。因此，应加强对职业危害的预防。

小组讨论

为什么说"安全就是生命，安全就是效率"？

1.1.3 安全生产责任制

安全生产责任制是企业各级领导、职能部门、工程技术人员、岗位操作人员在劳动生产过程中层层承担安全责任的一种制度。它是企业岗位责任制的一个重要组成部分，也是企业劳动保护管理的核心。

安全生产责任制是企业实现"安全第一，预防为主"方针的具体体现，是企业实行安全工作综合治理、齐抓共管的依据，是使安全工作层层有人负责，事事有人管理，实现"横向到边，纵向到底"的责任落实措施。

下面重点讲述企业各级人员安全生产责任制。

企业各级人员安全生产责任制包括总公司领导、公司领导、工区（分公司）领导、项目经理、工长、班组长、工人等各级有关人员的安全生产责任制。施工现场主要有项目经理（工地负责人）、工长、施工技术员、班组长、操作工人的安全生产责任制。他们的职责分别如下：

1）项目经理（工地负责人）的职责

①对承包工程项目的安全生产负全面领导责任。

②在项目施工生产全过程中,认真贯彻落实安全生产方针、政策、法规和各项规章制度,结合项目特点,提出有针对性的安全管理要求,严格执行安全考核制度和安全生产奖惩办法。

③认真落实施工组织设计中安全技术管理的各项措施,严格执行安全技术措施与审批制度,施工项目安全交底制度和设施、设备交接验收使用制度。

④组织安全生产检查,定期研究并分析承包项目施工中存在的不安全因素,并解决现场安全生产问题。

⑤发生事故时,保护好现场,及时上报,并认真吸取教训。

2)工长的职责

①认真执行上级有关安全生产的规定,对所管辖班组的安全生产负直接领导责任。

②认真落实安全技术措施,针对生产任务特点,向班组进行详细安全交底,并随时检查安全生产落实情况。

③随时检查施工现场内的各项防护设施、设备的完好和使用情况,发现问题及时处理,不违章指挥。

④组织领导班组学习安全技术操作规程,开展安全教育活动,指导并检查职工正确使用个人防护用品。

⑤发生工伤事故及未遂事故要保护现场,立即上报。

3)施工技术员的职责

①熟悉安全生产有关管理规定和安全技术操作规程。

②在技术负责人的领导下参加编制单位工程的施工组织设计、施工方案和工艺卡,把安全技术措施渗透施工组织设计、施工方案和施工工艺的各个环节。

③检查施工组织设计、施工方案的安全技术措施落实情况,协助技术领导做好单位工程的安全技术交底。

④参加各种安全设施、设备的验收,发现问题,及时提出改进意见。

4)班组长的职责

①认真执行安全生产各项规章制度及安全技术操作规程,合理安排班组人员工作,对本班组人员在生产中的安全和健康负责。

②经常组织班组人员认真学习安全技术操作规程,监督班组人员正确使用个人防护用品,不断提高施工人员自保能力。

③认真落实技术人员的安全交底,做到班前有要求,班后有小结,不盲目指挥,不冒险蛮干。

④经常检查班组安全生产情况,发现问题及时解决并上报有关领导。

⑤认真做好新工人的岗前安全教育。

⑥发生工伤事故及未遂事故,应保护好现场并立即上报生产指挥者。

5)操作工人的职责

①认真学习,严格执行安全技术操作规程,模范遵守安全生产规章制度。

②积极参加安全活动,认真贯彻安全交底,不盲目作业,服从安全人员的监督指导。

③发扬团结友爱精神,在安全生产方面做到互相帮助、互相监督,对新工人要积极传授安

全生产知识,维护安全设施和防护用具,做到正确使用,不随意拆改。

④对不安全作业要积极提出意见,并有权拒绝违章指令。

⑤发生伤亡和未遂事故,应保护好现场并立即上报。

1.1.4 安全教育培训制度

小组讨论

"要我安全"还是"我要安全"?

安全生产教育,一般称为预防事故教育。它是劳动保护工作的一项重要内容,也是搞好企业安全生产的一项重要的思想建设工作。只有通过对广大建筑职工进行安全教育培训,才能提高职工搞好安全生产的自觉性、积极性和创造性,增强安全意识,掌握安全知识,使安全规章制度得到有效的贯彻执行。

1)安全教育的内容

- 思想政治教育
- 劳动纪律教育
- 劳动保护方针政策教育
- 安全技术知识教育
- 典型经验和事故教训教育
- 法制教育

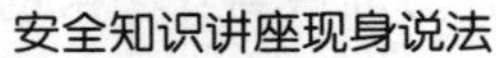
安全知识讲座现身说法

2)安全生产教育方法

- 三级教育
- 特殊工种的专门教育
- 经常性的安全教育

图 1.2 所示为职工安全生产教育记录卡。

职工安全生产教育记录卡

组织者	日期	三级安全教育内容	教育者	受教育者
公司		1.企业情况,本行业生产特点及安全生产的意义; 2.党和政府的安全生产方针、企业安全生产、劳动保护方面规章制度; 3.企业内外典型事故教训; 4.事故急救防护知识		
项目部		1.本工程概况,生产特点; 2.本工程生产中的主要危险因素、安全消防方面注意事项; 3.具体讲解本单位有关安全生产的规章制度和当地政府的有关规定; 4.历年来本单位发生的重大事故和事故教训及防范措施		
班组		1.根据岗位工作进行安全操作规程和正确使用劳动保护用品的教育; 2.现场讲解岗位施工、机械工具结构性能、操作要领; 3.可能出现的不正常情况的判断和处理发生事故的应急处理方法; 4.本岗位曾发生事故的教育和分析,本工地的安全生产制度教育		

照片

工程名称:________

姓　　名:________

出生年月:________

文化程度:________

班组工种:________

图 1.2　职工安全生产教育记录卡

安全教育的根本目的在于通过安全教育使建筑从业人员真正实现由"要我安全"向"我要安全"观念转变，从而提高建筑从业人员的安全素质。

阅读理解

《中华人民共和国建筑法》第四十六条规定："建筑施工企业应当建立健全劳动安全生产教育培训制度，加强对职工安全生产的教育培训；未经安全生产教育培训的人员，不得上岗作业。"

《建筑工程安全生产管理条例》第三十六条指出："施工单位的主要负责人、项目负责人、专职安全生产管理人员应当经建设行政主管部门或者其他有关部门考核合格后方可任职。施工单位应当对管理人员和作业人员每年至少进行一次安全生产教育培训，其教育培训情况记入个人工作档案。安全生产教育培训考核不合格的人员，不得上岗。"

1.1.5 安全检查制度

1）安全检查的目的

①发现问题，查出隐患，采取有效措施，堵塞漏洞，把事故消灭在萌芽状态，坚持"安全第一，预防为主"的方针。

②互相学习，取长补短，交流经验，共同提高。

③经常给忽视安全生产的思想敲警钟，及时纠正违章指挥、违章作业的冒险行为。

2）安全检查的内容

安全检查的内容主要是"八查"：查思想、查制度、查机械设备、查安全设施、查安全教育培训、查操作行为、查劳保用品的作用、查伤亡事故及处理。

3）安全检查的形式

一是主管部门（包括中央、国务院、各部委、省市级建设行政主管部门）对下属单位进行的安全检查，这类检查能针对本部门、本行业的特点、共性和主要问题进行检查；二是建筑企业自身安全检查，这类检查主要有经常性、定期性、突击性、专业性及季节性检查。

安全检查的程序主要包括人员组织、检查隐患、检查整改和提出隐患整改报告。

1.1.6 建筑施工企业工伤事故调查处理

企业事故是指造成企业人员伤害、死亡、职业病、财产损失或其他损失的意外事件。建筑施工企业事故是指建筑施工企业在建筑施工过程中，由各种危险因素影响而造成的各类人身伤害或财产损失的事故。其中建筑施工企业的工伤事故是建筑施工企业事故的重要方面，它是指企业职工在工作时间、工作场所或与其工作相关的时间和场所中，因工作原因所发生的人身伤害事故。根据国家《工伤保险条例》第十四条规定，职工有下列情形之一的，应当认定为工伤：

①在工作时间和工作场所内，因工作原因受到事故伤害的。

②工作时间前后在工作场所内，从事与工作有关的预备性或者收尾性工作受到事故伤害的。

③在工作时间和工作场所内，因履行工作职责而受到暴力等意外伤害的。

④患职业病的。

⑤因工外出期间,由于工作原因受到伤害或者发生事故下落不明的。

⑥在上下班途中,受到非本人主要责任的交通事故或者城市轨道交通、客运轮渡、火车事故伤害的。

⑦法律、行政法规规定应当认定为工伤的其他情形。

建筑施工企业的伤亡事故按照严重程度不同,可分为一般事故、较大事故、重大事故和特别重大事故 4 个等级。

假如发生了工伤事故,我们该怎么办呢?伤亡事故发生后,受伤者或者事故现场有关人员应立即直接或者逐级报告企业负责人。施工单位发生重大安全事故后应立即向当地建设行政主管部门或者其他有关部门报告,并在 24 小时内提交书面报告。实行总承包的工程项目,由总承包单位负责上报事故。发生死亡、重大死亡事故的企业应当保护事故现场,并迅速采取必要措施抢救人员和财产,防止事故扩大。需要移动现场物品时,应当做出书面记录,妥善保管有关证物。

如何开展事故调查呢?应按照不同事故类型分别进行。特别重大事故由国务院或者国务院授权有关部门组织事故调查组进行调查。重大事故、较大事故、一般事故分别由事故发生地省级人民政府、设区的市级人民政府、县级人民政府直接组织事故调查组进行调查,也可以授权或者委托有关部门组织事故调查组进行调查。未造成人员伤亡的一般事故,县级人民政府也可以委托事故发生单位组织事故调查组进行调查。

事故调查组的组成应当遵循精简、效能的原则。根据事故的具体情况,事故调查组由有关人民政府、安全生产监督管理部门、负有安全生产监督管理职责的有关部门、监察机关、公安机关以及工会派人组成,并应当邀请人民检察院派人参加。事故调查组可以聘请有关专家参与调查。事故调查组提出的事故处理意见和防范措施建议,由发生事故的企业及其主管部门负责处理,详见图 1.3 所示。

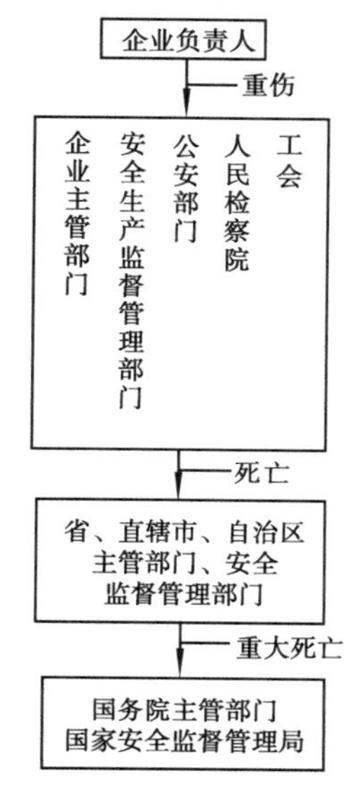

(a) 重伤、死亡和重大事故上报程度

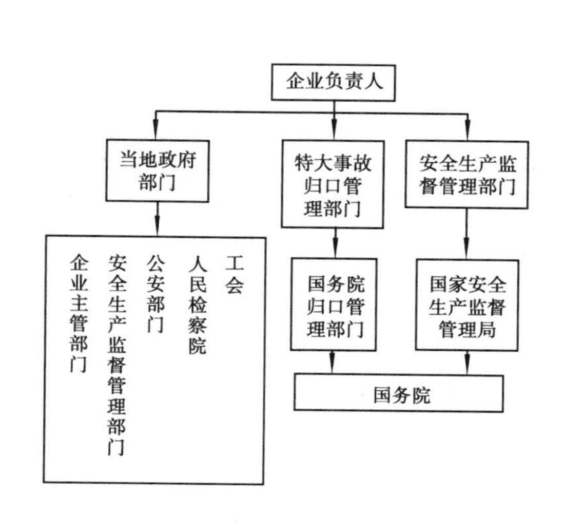

(b) 特大事故上报程序

图 1.3　建筑企业伤亡事故上报程序

事故报告

安全生产监督管理部门和负有安全生产监督管理职责的有关部门接到事故报告后，应当依照下列规定上报事故情况，并通知公安机关、劳动保障行政部门、工会和人民检察院：

①特别重大事故、重大事故逐级上报至国务院安全生产监督管理部门和负有安全生产监督管理职责的有关部门；

②较大事故逐级上报至省、自治区、直辖市人民政府安全生产监督管理部门和负有安全生产监督管理职责的有关部门；

③一般事故上报至设区的市级人民政府安全生产监督管理部门和负有安全生产监督管理职责的有关部门。

安全生产监督管理部门和负有安全生产监督管理职责的有关部门依照前款规定上报事故情况，应当同时报告本级人民政府。国务院安全生产监督管理部门和负有安全生产监督管理职责的有关部门以及省级人民政府接到发生特别重大事故、重大事故的报告后，应当立即报告国务院。必要时，安全生产监督管理部门和负有安全生产监督管理职责的有关部门可以越级上报事故情况。

安全生产监督管理部门和负有安全生产监督管理职责的有关部门逐级上报事故情况，每级上报的时间不得超过2小时。

报告事故应当包括下列内容：

①事故发生单位概况；

②事故发生的时间、地点以及事故现场情况；

③事故的简要经过；

④事故已经造成或者可能造成的伤亡人数(包括下落不明的人数)和初步估计的直接经济损失；

⑤已经采取的措施；

⑥其他应当报告的情况。

练习作业

1.建筑施工职场健康与安全的指导方针是什么？你是如何理解这一方针的？

2.安全教育的内容有哪些？有哪些安全生产教育方法？

3.安全检查的内容是什么？

1.2 建筑施工职场健康与安全法规

问题引入

据住房和城乡建设部有关统计资料显示，建筑安全事故中有近90%是违章指挥、违章作业造成的。因此，对违章人员进行安全法规和安全知识的教育培训是消除施工人员因缺乏安全知识、不遵守安全法规而导致不安全隐患的有效手段。我国现行的法律、法规在建筑施工企业安全生产方面有哪些重要规定呢？

知识窗

建筑安全生产法规

法律是国家制定或认可的，以国家的名义颁布的，并以国家强制力保证其实施的行为规范的总和。

建筑安全生产法规是国家或安全主管部门制定的建筑业安全生产方面的法律规范的总和，是国家为了保护建筑业劳动者在生产过程中的安全和健康，为劳动者建立安全、卫生、舒适的劳动条件，预防和消除劳动生产过程中的伤亡事故、职业病和职业中毒的发生，保持和提高劳动者持久的劳动能力，不断促进劳动生产率的提高而制定的强制性行为规范。

1.2.1 相关法律的规定

1)《中华人民共和国宪法》的相关规定

《中华人民共和国宪法》规定：我国公民有劳动的权利和义务。国家通过各种途径，创造就业劳动条件，加强劳动保护，改善劳动条件，并在发展生产的基础上，提高劳动报酬和福利待遇。劳动者有休息的权利。

2)《中华人民共和国刑法》的相关规定

第一百三十四条　[重大责任事故罪；强令违章冒险作业罪] 在生产、作业中违反有关安全管理的规定，因而发生重大伤亡事故或者造成其他严重后果的，处三年以下有期徒刑或者拘役；情节特别恶劣的，处三年以上七年以下有期徒刑。强令他人违章冒险作业，因而发生重大伤亡事故或者造成其他严重后果的，处五年以下有期徒刑或者拘役；情节特别恶劣的，处五年以上有期徒刑。

第一百三十五条　[重大劳动安全事故罪] 安全生产设施或者安全生产条件不符合国家规定，因而发生重大伤亡事故或者造成其他严重后果的，对直接负责的主管人员和其他直接责任人员，处三年以下有期徒刑或者拘役；情节特别恶劣的，处三年以上七年以下有期徒刑。

因此，我们必须高度重视安全生产，否则，对有些安全责任事故将会承担刑事责任。

3)《中华人民共和国建筑法》的相关规定

《中华人民共和国建筑法》规定：建筑工程安全生产管理必须坚持"安全第一、预防为主"的方针，建立健全安全生产责任制度和群防群治制度。建筑施工企业在建筑施工安全管理中承担的责任主要体现在以下方面：

①建筑施工企业在编制施工组织设计时，应当根据建筑工程特点制订相应的安全技术措施，对专业性较强的工程项目，应当编制专项安全施工组织设计，并采取安全技术措施。

②建筑施工企业应当在施工现场采取维护安全、防范危险、预防火灾等措施，有条件的，应当对施工现场实行封闭管理。施工现场对毗邻的建筑物、构筑物和特殊作业环境可能造成损害的，建筑施工企业应当采取安全技术防护措施。

③建筑施工企业应当遵守有关环境保护和安全生产的法律法规的规定，采取控制和处理施工现场的各种粉尘、废气、废水、固体废物以及噪声、振动对环境的污染和危害的措施。

④建筑施工企业必须依法加强建筑安全生产的管理，执行安全生产责任制度，采取有效措施，防止伤亡和其他安全生产事故的发生。建筑施工企业的法定代表人对本企业的安全生产负责。

⑤施工现场安全由建筑施工企业负责。实行总承包的，由总承包单位负责。分包单位向总承包单位负责，并服从总承包单位对施工现场的安全生产管理。

⑥建筑施工企业应当建立劳动生产教育培训制度，加强对职工安全生产的教育培训。未经安全生产教育培训合格的人员，不得上岗作业。

⑦建筑施工企业和作业人员在施工过程中，应当遵守法律、法规和建筑作业安全规章、规程，不得违章指挥或者违章作业。作业人员有权对影响人身健康的作业程序和作业条件提出改进意见，有权获得安全生产所需的防护品。作业人员对危及生命安全和人身健康的行为有权提出批评、检举和控告。

⑧建筑施工企业应当依法为职工参加工伤保险缴纳工伤保险费，鼓励企业为从事危险作业的职工办理意外伤害保险，支付保险费。

⑨施工中发生事故时，建筑施工企业应当采取紧急措施减少人员伤亡和事故损失，并按照国家有关规定及时向有关部门报告。

1.2.2 《中华人民共和国安全生产法》的相关规定

国家为什么要制定这部法律呢？该法的第一条明确指出："为了加强安全生产工作，防止和减少生产安全事故，保障人民群众生命和财产安全，促进经济社会持续健康发展，制定本法。"

生产经营单位的从业人员有哪些主要权利和义务？从总体上看，生产经营单位的从业人员有依法获得安全生产保障的权利，并应当依法履行安全生产方面的义务。具体表现为以下几个方面：

1)从业人员的安全生产权利义务

①有权了解其作业场所和工作岗位存在的危险因素、防范措施及事故应急措施，有权对本

单位的安全生产工作提出建议。

②有权对本单位安全生产工作中存在的问题提出批评、检举和控告;有权拒绝违章指挥和强令冒险作业。生产经营单位不得因从业人员对本单位安全生产工作提出批评、检举、控告,或者拒绝违章指挥、强令冒险作业而降低其工资、福利等待遇,或者解除与其订立的劳动合同。

③发现直接危及人身安全的紧急情况时,有权停止作业或者在采取可能的应急措施后撤离作业场所。生产经营单位不得因从业人员在紧急情况下停止作业,或者采取紧急撤离措施而降低其工资、福利等待遇,或者解除与其订立的劳动合同。因生产安全事故受到损害的从业人员,除依法享有工伤保险外,依照有关民事法律尚有获得赔偿的权利的,有权向本单位提出赔偿要求。

④在作业过程中,应当严格遵守本单位的安全生产规章制度和操作规程,服从管理,正确佩戴和使用劳动防护用品。

⑤应当接受安全生产教育和培训,掌握本职工作所需的安全生产知识,提高安全生产技能,增强事故预防和应急处理能力。

⑥发现事故隐患或者其他不安全因素时,应当立即向现场安全生产管理人员或者本单位负责人报告,接到报告的人员应当及时予以处理。

2)生产经营单位主要负责人的职责

生产经营单位的主要负责人和安全生产管理人员必须具备与本单位所从事的生产经营活动相应的安全生产知识和管理能力。主要负责人对本单位安全生产工作负有下列职责:

①建立、健全本单位安全生产责任制。

②组织制定本单位安全生产规章制度和操作规程。

③组织制定并实施本单位安全生产教育和培训计划。

④保证本单位安全生产投入的有效实施。

⑤督促、检查本单位的安全生产工作,及时消除生产安全事故隐患。

⑥组织制定并实施本单位的生产安全事故应急救援预案。

⑦及时、如实报告生产安全事故。

生产经营单位与从业人员订立的劳动合同,应当载明有关保障从业人员劳动安全、防止职业危害的事项,以及依法为从业人员办理工伤、保险的事项。生产经营单位不得以任何形式与从业人员订立协议,免除或者减轻其对从业人员因生产安全事故伤亡依法应承担的责任。

3)生产经营单位的安全生产管理机构以及安全生产管理人员应履行的职责

①组织或参与拟订本单位安全生产规章制度、操作规程和生产安全事故应急救援预案。

②组织或参与本单位安全生产教育和培训,如实记录安全生产教育和培训情况。

③督促落实本单位重大危险源的安全管理措施。

④组织或参与本单位应急救援演练。

⑤检查本单位的安全生产状况,及时排查生产安全事故隐患,提出改进安全生产管理的建议。

⑥制止和纠正违章指挥、强令冒险作业、违反操作规程的行为。

⑦督促落实本单位安全生产整改措施。

4)生产经营单位的主要责任

①建筑施工单位应当设置安全生产管理机构或者配备专职安全生产管理人员。

②进行爆破、吊装等危险作业时,应当安排专门人员进行现场安全管理,确保操作规程的遵守和安全措施的落实。

③应当安排用于配备劳动防护用品、进行安全生产培训的经费。

④发生生产安全事故时,单位的主要负责人应当立即组织抢救,并不得在事故调查处理期间擅离职守。

5)安全生产的监督管理

任何单位或个人对事故隐患或者安全生产违法行为,均有权向负有安全生产监督管理职责的部门报告或者举报。

如果发生生产安全事故该怎么办?生产经营单位发生生产安全事故后,事故现场有关人员应当立即报告本单位负责人。单位负责人接到事故报告后,应当迅速采取有效措施,组织抢救,防止事故扩大,减少人员伤亡和财产损失,并按照国家有关规定,立即如实报告当地负有安全生产监督管理职责的部门,不得隐瞒不报、谎报或者拖延不报,不得故意破坏事故现场、毁灭有关证据。任何单位和个人不得阻挠和干涉对事故的依法调查处理。

该由谁来承担法律责任呢?生产经营单位的从业人员不服从管理,违反安全生产规章制度或操作规程的,由生产经营单位给予批评教育,依照有关规章制度给予处分;构成犯罪的,依照刑法有关规定追究刑事责任。因管理不善,措施不力,或其他渎职而造成生产安全事故,则应追究有关领导及责任人的法律责任。

生产经营单位主要负责人在本单位发生重大生产安全事故时,不立即组织抢救或者在事故调查处理期间擅离职守或者逃匿的,给予降级、撤职的处分,对逃匿的处 15 日以下拘留;构成犯罪的,依照刑法有关规定追究刑事责任。生产经营单位主要负责人对生产安全事故隐瞒不报、谎报或者拖延不报的,将视其情节的严重程度,给予一定的处罚。

1.2.3 《建设工程安全生产管理条例》的相关规定

根据《建设工程安全生产管理条例》的规定,建筑施工单位应当承担如下安全责任:

1)施工单位应当具备相应的资质

施工单位从事建设工程的新建、扩建、改建和拆除等活动,应当具备国家规定的注册资本、专业技术人员、技术装备和安全生产条件等,依法取得相应等级的资质证书,并在其资质等级许可的范围内承揽工程。

2)施工单位应当预算有关安全保障经费

施工单位对列入建设工程概算的安全作业环境及安全施工措施所需费用,应当用于施工安全防护用具及设施的采购和更新、安全施工措施的落实和安全生产条件的改善,不得挪作他用。

3)施工单位应当设立安全生产管理机构并配备专职安全生产管理人员

施工单位应当设立安全生产管理机构,配备专职安全生产管理人员。专职安全生产管理

人员负责对安全生产进行现场监督检查。发现安全事故隐患,应当及时向项目负责人和安全生产管理机构报告。对违章指挥、违章操作的,应当立即制止。

4)施工单位应当落实相应的安全生产保障措施

施工单位在施工现场入口处、施工起重机械、临时用电设施、脚手架、出入通道口、楼梯口、电梯井口、孔洞口、桥梁口、隧道口、基坑边沿、爆破物及有害气体和液体存放处等危险部位,应设置明显的安全警示标志。安全警示标志必须符合国家标准。施工单位应当根据不同施工阶段和周围环境及季节、气候的变化,在施工现场采取相应的安全施工措施。施工现场暂时停止施工的,施工单位应当做好现场防护,所需费用由责任方承担,或者按照合同约定执行。

5)施工单位应当提供安全卫生的工作与生活条件

施工单位应当将施工现场的办公、生活区与作业区分开设置,并保持安全距离;办公、生活区的选址应当符合安全性要求。职工的膳食、饮水、休息场所等应当符合卫生标准。施工单位不得在尚未竣工的建筑物内设置员工集体宿舍。施工现场临时搭建的建筑物应当符合安全使用要求。施工现场使用的装配式活动房屋应当具有产品合格证。施工单位对因建设工程施工可能造成损害的毗邻建筑物、构筑物和地下管线等,应当采取专项防护措施。施工单位应当遵守有关环境保护法律、法规的规定,在施工现场采取措施,防止或者减少粉尘、废气、废水、固体废物、噪声、振动和施工照明对环境的危害和污染。在城市市区内的建设工程,施工单位应当对施工现场实行封闭围挡。

6)施工单位应当建立消防安全责任制度

施工单位应当在施工现场建立消防安全责任制度,确定消防安全责任人,制定用火、用电、使用易燃易爆材料等各项消防安全管理制度和操作规程,设置消防通道、消防水源,配备消防设施和灭火器材,并在施工现场入口处设置明显标志。

7)施工单位应当向作业人员提供安全防护用具

施工单位应当向作业人员提供安全防护用具和安全防护服装,并书面告知危险岗位的操作规程和违章操作的危害。作业人员有权对施工现场的作业条件、作业程序和作业方式中存在的安全问题提出批评、检举和控告,有权拒绝违章指挥和强令冒险作业。在施工中发生危及人身安全的紧急情况时,作业人员有权立即停止作业,或者在采取必要的应急措施后撤离危险区域。

8)施工单位应当向作业人员提供合格的设备及用具

施工单位采购、租赁安全防护用具、机械设备、施工机具及配件,应当具有生产(制造)许可证、产品合格证,并在进入施工现场前进行查验。施工现场的安全防护用具、机械设备、施工机具及配件必须由专人管理,定期进行检查、维修和保养,建立相应的档案资料,并按照国家有关规定及时报废。

9)施工单位应当制定安全事故应急救援预案

施工单位应当根据建设工程施工的特点、范围,对施工现场易发生重大事故的部位、环节进行监控,制定施工现场生产安全事故应急救援预案。实行施工总承包的,由总承包单位统一组织编制建设工程生产安全事故应急救援预案,工程总承包单位和分包单位按照应急救援预案,各自建立应急救援组织或者配备应急救援人员,配备救援器材、设备,并定期组织演练。

10)施工单位应当及时上报安全事故情况

施工单位发生生产安全事故,应当按照国家有关伤亡事故报告和调查处理的规定,及时、如实地向负责安全生产监督管理的部门、建设行政主管部门或者其他有关部门报告。特种设备发生事故的,还应当同时向特种设备安全监督管理部门报告。接到报告的部门应当按照国家有关规定,如实上报。实行施工总承包的,由总承包单位负责上报事故。发生生产安全事故后,施工单位应当采取措施防止事故扩大,保护事故现场。需要移动现场物品时,应当做出标记和书面记录,妥善保管有关证物。

施工单位的主要负责人、项目负责人未履行安全生产管理职责的,责令限期改正;逾期未改正的,责令施工单位停业整顿;造成重大安全事故、重大伤亡事故或者其他严重后果,构成犯罪的,依照刑法有关规定追究刑事责任。作业人员不服管理、违反规章制度和操作规程冒险作业造成重大伤亡事故或者其他严重后果,构成犯罪的,依照刑法有关规定追究刑事责任。

查找并下载《中华人民共和国宪法》《中华人民共和国刑法》《中华人民共和国建筑法》《中华人民共和国安全生产法》和《建设工程安全生产管理条例》,并认真阅读。

练习作业

1.在涉及建筑施工职场健康与安全方面,我国已制定了哪些相应的法律法规?

2.通过对建筑施工职场健康与安全法规的学习,你有哪些收获?

1.3 建筑施工安全事故案例鉴定与评估

问题引入

建筑施工安全事故发生后，应立即组织人员对事故进行鉴定与评估，明确责任。那么如何对建筑施工中发生的安全事故进行鉴定与评估呢？下面，我们就通过案例，来了解建筑施工安全事故的签定与评估知识。

1.3.1 事故简介

案例:2004 年 5 月 12 日上午 9 时 20 分，××省××信益电子玻璃有限公司信益二期玻壳项目 IC 号屏炉烟囱工地，施工人员在拆除井架（高 75 m）时，由于违章拆除井架缆风绳，导致井架发生倾覆，造成施工人员 21 人死亡、10 人受伤，直接经济损失 268.3 万元。此为××省××市信益二期工程“5・12”特大施工伤亡事故。

事故发生后，国务院领导对此高度重视并做出批示，建设部（现住建部）立即派出调查组赶赴××省对事故的调查处理工作进行了督察。

1.3.2 事故发生经过

该工程由××省某建筑工程公司于 2003 年 10 月承建，烟囱高 60 m，工程项目经理为马某。2004 年 4 月，该公司将烟囱滑模工程分包给北京某滑模分公司，项目负责人为刘某。4 月 9 日至 12 日搭建了外井架，该外井架高 68 m，从顶端向下每 20 m 左右拉 4 根缆风绳，共拉了 16 根缆风绳。4 月 14 日开始滑模上料，5 月 2 日施工完毕，5 月 10 日为安装烟囱爬梯拆掉了北侧的 2 根缆风绳。5 月 12 日进行外井架拆卸工作，工程分包方负责人刘某及带班工长邓某等人均在施工现场。参与拆卸的施工人员 42 人，其中地面 8 人、顶部 6 人、其余 28 人，按 2.5 m 间距分布在井架南侧。当拆除完顶部红旗、吊轮、拔杆后，外井架突然发生倾翻，致使在外井架上施工的工人有的坠落、有的受到变形井架的绞挤，造成 21 名工人遇难、10 名人员受伤。

1.3.3 事故原因分析

小组讨论

应如何分析并认定这起事故的责任呢？

经××省“5・12”特大施工伤亡事故调查组认定，该事故是一起严重违章指挥、违规作业、违反建设程序、有关各方监督管理不力、安全责任不落实而导致的特大责任事故。情况分析如下：

①××省某建筑工程公司未履行职责，未对滑模作业队的资质、从业人员资格进行审查，现场没有配备专职安全员，安全生产责任制不落实，对信益二期工程安全管理失控，导致事故的发生。

②××市信益二期工程项目总监未对烟囱物料提升架安装拆卸施工方案进行审核，未组织实施有效的监理，应对这起事故负主要责任。

③烟囱项目滑模作业队负责人在不具备滑模工程施工资质的情况下承建烟囱工程，自行购买材料加工物料提升架，未按施工方案规定拆卸。作业时，明知物料提升架固定在烟囱上的两处缆风绳被拆除，仍违章指挥，且使用不具备高空作业资格的农民工作业，应对这起事故负直接领导责任。

④烟囱物料提升架拆卸施工现场负责人明知烟囱物料提升架的两处缆风绳被拆除，仍违规作业，安排不具备高空作业资格的农民工冒险上架拆卸，应对这起事故负直接责任。

⑤××省某建筑工程公司××信益二期工程项目部经理违反国家规定，在没有查验滑模施工资质的情况下，将烟囱项目承包给××某滑模分公司施工，作为项目部经理，不履行职责，应对这起事故负主要责任。

⑥滑模作业队通过农民工负责人盲目招募缺乏安全意识和不具备高空作业资格的农民工到工地冒险作业，应对这起事故负主要责任。

提问回答

我们从该事故应吸取怎样的深刻教训呢？

1.3.4 事故预防的对策

①要明确部门职责，建立并完善建设工程施工安全监管体系，理顺安全生产监督管理体制，提高建设工程安全监督执法能力。针对监管薄弱地区，尤其是经济开发区、工业园区、城乡结合部以及招商引资工程项目，强化安全监管，进一步改进监管方式，加大巡查力度，消除管理盲区。对逃避建设主管部门监管，未按规定办理土地、规划审批手续，或未办理施工许可手续进行施工，以及压缩合理工期、私招滥雇等违法行为，要加大查处力度，造成严重后果的，必须依法追究有关单位和个人的责任。

②严格执行市场安全准入制度，从源头上遏止重大事故的发生。要加大建筑市场安全准入力度，将保证工程质量安全作为市场准入的一个重要方面。严格建筑施工企业安全生产条件审查，做好建筑施工企业安全生产许可证颁发和管理工作，规范程序，依法行政，确保真正具备安全生产条件的队伍进入建筑市场，将不具备基本安全生产条件的施工企业清除出建筑市场，从源头上遏止重大事故的发生。

③加强政策引导，认真做好建设工程一线从业人员安全生产教育培训。要把加强一线作业人员，特别是农民工的安全教育培训作为一项重点工作，将必要的安全培训考核作为进入工地务工的前提条件，严格实行建筑施工企业关键岗位和技术工种持证上岗制度，未持证者不得

上岗，严禁私招滥雇和违法分包现象。

④认真分析安全生产形势，采取有效措施减少重大事故发生。要定期专题分析本地区建筑安全生产形势，准确把握安全生产动态，特别是要掌握容易造成群死群伤的危险性较大的各类工程分布和进展情况，既要监控技术风险突出的地铁工程、地下大空间、深基础等质量安全薄弱环节，也要对施工过程中易发生事故的土方工程、模板工程和脚手架等工程加强专项整治。

建筑施工安全管理“三字经”

搞施工，百件事，抓安全，列第一。当经理，负首责，严把关。

大小会，讲安全，都落实，是关键。诸条件，要具备，缺措施，须补全。

交任务，做防范，安全员，职权明。严规章，详制度，定责任，强管理。

承发包，订协议，安全条，必确定。招民工，四证齐，新工人，教育先。

上岗前，先交底，特殊工，须培训。上岗证，带身边，七牌图，挂门口，警示语，随处见。

查安全，勤与严，除隐患，务彻底。谁违章，必纠正；谁违纪，必严惩。

活动建议

到中国建筑安全网等网站，浏览关于建筑安全方面的知识和信息。

实习实作

1.组织学生到建筑施工企业参观，了解企业的生产经营情况，着重了解施工单位安全管理和安全设施设备情况。

2.邀请建筑行业主管部门或行业协会专业人士，或者建筑施工单位的安全检查员到校做建筑施工健康与安全方面的专题讲座。

练习作业

1.通过对建筑施工事故典型案例的分析，你认为在建筑施工安全生产中应注意哪些主要问题？

2.根据你所观察了解的社会生产实际情况，结合本章所学内容，谈谈为什么说建筑业是世界上最危险的行业之一？

3.通过对本章知识的学习，请你谈谈如何树立建筑施工职场健康与安全意识？如何在今后的工作实际中付诸实施？

学习鉴定

1.选择题

(1)当你走向职业生涯的第一步时,你最关心的是(　　)。

A.工资待遇　　B.安全　　C.健康　　D.不知道

(2)你认为建筑施工的危险性(　　)。

A.大　　B.小　　C.中　　D.不知道

(3)你认为在建筑施工中安全生产(　　)。

A.非常重要　　B.不重要　　C.一般　　D.不知道

(4)你认为搞好建筑施工企业安全工作的根本措施是(　　)。

A.上级检查　　B.内部检查　　C.提高人员素质　　D.不知道

(5)发生建筑施工安全事故后,你认为该怎么办?(　　)

A.逃跑　　B.不理睬　　C.及时报告　　D.不知道

(6)对在建筑施工事故中负有责任的人员,将会承担(　　)责任。

A.道德　　B.经济　　C.纪律　　D.法律

(7)建筑施工从业人员在工作中享有相应的(　　),应履行应尽的(　　)。

A.义务　　B.权利　　C.权力　　D.职权

(8)国务院《建设工程安全生产管理条例》属于(　　)。

A.法律　　B.法规　　C.规章　　D.制度

(9)安全生产教育培训考核不合格的人员,(　　)上岗。

A.可以　　B.不得　　C.暂时　　D.不知道

(10)建筑施工作业人员(　　),造成重大伤亡事故,构成犯罪的,将依照刑法有关规定追究刑事责任。

A.不服管理　　B.违反规章制度

C.违反操作规程冒险作业　　D.其他严重后果

2.填空题

(1)从我国的情况来看,建筑行业是一个危险性较大的行业,建筑业安全事故发生率仅次于__________和__________。

(2)我国建筑施工企业安全事故发生率居高不下的根本原因在于人员文化素质偏低且流动性大,安全知识__________,安全意识__________,自我防护意识__________;领导重视__________,管理__________,责任__________,规章制度__________、不落实;专用资金__________等。

(3)建筑工程安全生产管理必须坚持__________的方针,建立健全__________和__________。

(4)按照＿＿＿＿＿＿＿＿的原则,所有建筑从业人员都必须首先参加相应的＿＿＿＿＿＿＿＿,合格后,才能从事相关工作。

(5)安全教育的根本目的在于提高建筑从业人员的＿＿＿＿＿＿＿＿。

(6)安全检查的内容主要是“八查”:查＿＿＿＿＿＿＿＿;查＿＿＿＿＿＿＿＿;查机械设备;查安全设施;查＿＿＿＿＿＿＿＿;查＿＿＿＿＿＿＿＿;查劳保用品的作用;查伤亡事故及处理。

(7)建筑施工企业的伤亡事故按照严重程度不同,可分为＿＿＿＿＿＿＿＿、重伤事故和＿＿＿＿＿＿＿＿。

(8)建筑施工企业应当建立＿＿＿＿＿＿＿＿培训制度,加强对职工安全生产的教育培训,未经安全生产教育培训的人员,不得上岗作业。

(9)施工单位应当设立＿＿＿＿＿＿＿＿机构,配备＿＿＿＿＿＿＿＿。

(10)任何单位或者个人对＿＿＿＿＿＿＿＿或者＿＿＿＿＿＿＿＿违法行为,均有权向负有安全生产监督管理职责的部门报告或者举报。

3.问答题

(1)安全检查的内容和程序分别是什么?

(2)建筑施工现场操作工人的安全职责是什么?

(3)按照《中华人民共和国安全生产法》的规定,生产经营单位的从业人员享有哪些主要权利?应履行哪些主要义务?

4.论述题

试论如何从“要我安全”到“我要安全”。

教学评估表见本书附录。

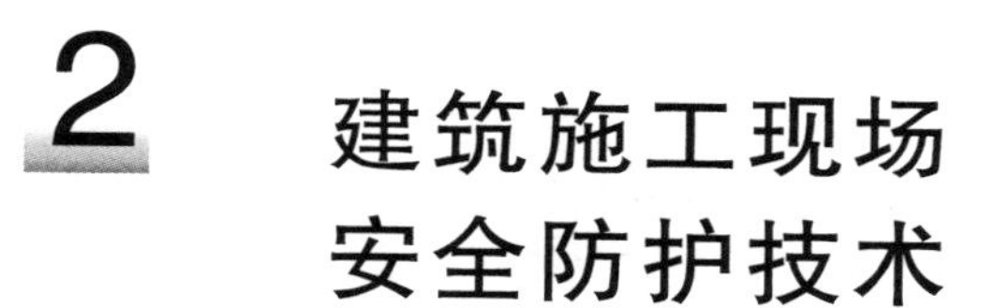

2 建筑施工现场安全防护技术

本章内容简介

安全防护技术的概念和分类

脚手架、临边、洞口的安全防护

常用建筑施工机械的安全防护及操作

常见施工工种的安全技术

建筑施工分项工程安全防护技术

工地防火

本章教学目标

认识施工安全防护技术的重要性

能检查并判断脚手架、临边、洞口防护的正确性

能正确使用及防护常见的建筑机械

熟悉常见施工工种的安全技术

能运用建筑施工分项工程安全防护技术

了解防止火灾的基本措施

2.1 建筑施工安全防护技术概述

问题引入

住房和城乡建设部办公厅于2019年3月印发《关于2018年房屋市政工程生产安全事故和建筑施工安全专项治理行动情况的通报》。通报指出,2018年,全国共发生房屋市政工程生产安全事故734起、死亡840人,与上年相比,事故起数增加42起、死亡人数增加33人,同比分别上升6.1%和4.1%。那么,建筑施工安全防护技术有哪些类别?如何加强安全防护呢?下面,我们就来学习安全防护技术知识。

2.1.1 建筑施工安全防护技术的概念和分类

1)建筑施工安全防护技术的概念

建筑施工安全防护技术就是针对不同工程的施工特点,为实现安全生产,对作业场所和进入作业场所的人员所必须采取的防护、保护的技术和措施。内容包括:

①施工中的安全技术:在“建筑施工技术”课程中学习。

②防护措施:包括个人的自我保护等。在建筑施工现场发生的伤亡事故中,除了施工现场没有安全防护和安全防护不当造成作业环境不安全这一直接因素外,操作人员违反操作规程的不安全行为也是大部分工伤事故发生的直接原因。

③建立和健全安全生产责任制:实施安全生产教育、安全生产检查,严格执行劳动防护用品管理制度等。

2)安全技术的分类

(1)按事故发生的类别分

- 防高处坠落的安全防护技术
- 防触电的安全防护技术
- 防物体打击的安全防护技术
- 防机械伤害的安全防护技术
- 防坍塌的安全防护技术

(2)按工程性质和类别分

- 土石方工程安全防护技术
- 砌体工程安全防护技术
- 钢筋混凝土工程安全防护技术
- 吊装工程安全防护技术

(3)按施工作业的部位分

- 外防护技术
- 内防护技术
- 地下施工防护技术
- 屋面施工防护技术
- 垂直运输防护技术

2.1.2 安全防护技术的重要性

安全防护技术在安全生产中具有十分重要的意义,对提高企业的施工技术水平和管理水平,提高企业的经济效益和推动企业的施工现代化都有至关重要的作用。

安全防护技术的重要性具体反映在以下几个方面:

①有效地降低工伤事故的发生频率。

②促进企业施工技术和管理水平的提高,从而提高企业的经济效益。

③安全防护技术的现代化是企业施工技术现代化的重要组成部分。

2.1.3 建筑施工中的危险源

高处坠落、触电、物体打击、机械伤害、坍塌是建筑施工中的主要危险源。

- 高处坠落　人员从屋面边、楼板边、阳台边、预留洞口、电梯井口、楼梯口等处坠落;从脚手架上坠落;从龙门架(井字架)的物料提升机和塔吊上坠落;安装、拆除模板时坠落;结构和设备吊装时坠落。
- 触电　经过或靠近施工现场的外电线路没有或缺少防护,在搭设钢管架、绑扎钢筋或起重吊装时,碰触这些线路造成触电;使用各类电器设备时触电;因电线破皮、老化,又无开关箱等触电。
- 物体打击　人员受到同一垂直作业面的交叉作业中和通道口处坠落物体的打击。
- 机械伤害　主要是指垂直运输机械设备、吊装设备、各类桩机等对人的伤害。
- 坍塌　施工中发生的坍塌事故主要有:现浇混凝土梁、板的模板支撑失稳倒塌,基坑边坡失稳引起土石方坍塌,拆除工程中的坍塌,施工现场的围墙及屋面板质量低劣而坍塌。

知识窗

提高职工的自我防护能力,应从以下几个方面着手:

◆加强企业领导人、工地承包负责人、工长和工人的安全教育培训。

◆认真对职工进行岗前和施工中的安全技术操作规程的培训和检查。

◆从严管好施工现场,要有完善的制度和铁的纪律。

◆提高专职安全人员的安全知识水平,把好安全关,重点加强高空作业人员、特种作业人员的自我安全防护。

◆严格按照规范和要求配备符合相关技术要求的防护用品。

练习作业

1.什么是安全防护技术?

2.安全防护技术的重要性体现在哪些方面?

3.建筑施工中常见的事故种类有哪些?

2.2 脚手架、临边、洞口的安全防护

2.2.1 脚手架的安全防护

1)脚手架的分类

①按搭设材料分类:可分为竹、木、钢管脚手架。现大部分地区已淘汰竹、木脚手架。

②按搭设部位分类:可分为外、里脚手架。

③按用途分类:可分为操作(结构和装修脚手架)、防护、承重、支撑脚手架。

④按脚手架立杆排数分类:可分为单排、双排、多排、满堂脚手架。

⑤按脚手架的支固方式分类:可分为落地式、悬挑式、挂式悬吊式、附着升降式脚手架。

2)搭设脚手架的基本要求

无论搭设哪一种脚手架,都必须满足以下基本要求:

①有足够的坚固性和稳定性。施工期间在规定的允许负荷和气候条件下,保证脚手架结构稳定,不摇、不晃、不倾斜、不沉陷、不倒塌。

②有足够的面积,能满足工人操作、材料堆放及短距离材料运输需要。

③因地制宜,就地取材,尽量节约架子用料。

④构造简单,装卸方便,能够多次周转使用。

外脚手架的搭设一般应配合结构的施工进度等步距进行,步距以脚手架比施工层高出1层为宜,以保证安全。

小组讨论

1.在生活中所看到的脚手架有哪些种类?

2.你认为搭设脚手架应该有哪些要求?

知识窗

《建筑施工扣件式钢管脚手架安全技术规程》(JGJ 130—2011)规定脚手架使用时不允许超载。计算时以脚手板上实际作用的负荷为准。结构施工用的内、外承重脚手架,使用时负荷每平方米不得超过2 646 N(270 kgf);装修施工用的内、外脚手架使用负荷每平方米不得超过1 960 N(200 kgf)

参考值:操作工人重量　　679 N(70 kgf)

砖重量　　29.4 N(3 kgf)

装70块砖车辆重量　　2 058 N(210 kgf),其中运砖车自重490 N(50 kgf)

每车装砂浆0.1 m^3重量　　1 764 N(180 kgf),其中运砂浆车自重764 N(78 kgf)

每m^2脚手板自重　　294 N(30 kgf)

一般在砌筑用脚手架操作层上,只准侧放3层砖。

3)钢管脚手架的基本构造和质量标准

钢管脚手架分为扣件式钢管脚手架、门式钢管脚手架和碗扣式钢管脚手架3种。本书重点介绍扣件式钢管脚手架,其余两种脚手架作为阅读理解内容,供学生自行学习。

(1)扣件式钢管脚手架的基本构件及其构造

扣件式钢管脚手架的基本构件及其构造如图2.1所示,下面介绍主要构件。

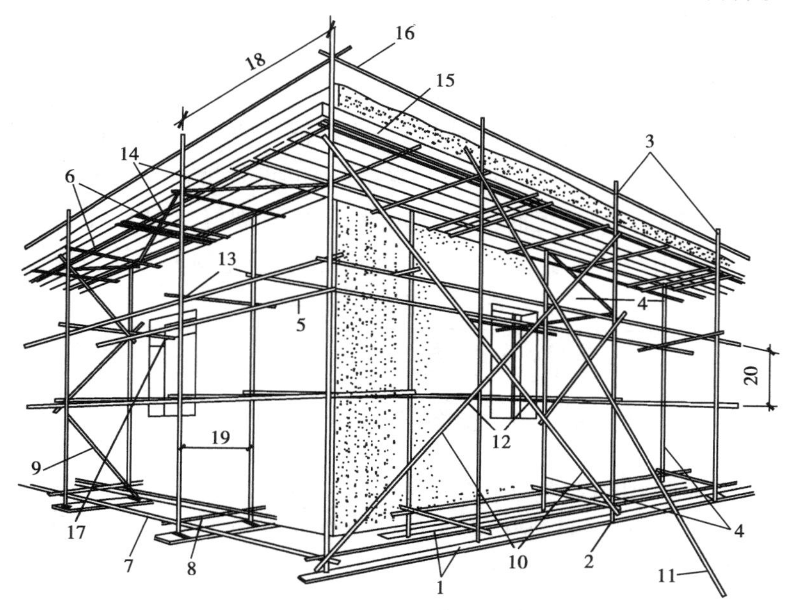

图2.1　钢管扣件脚手架的构件及构造

1—垫板;2—底座;3—外立杆;4—内立杆;5—纵向水平杆;6—横向水平杆;7—纵向扫地杆;8—横向扫地杆;9—横向斜撑;10—剪刀撑;11—抛撑;12—旋转扣件;13—直角扣件;14—水平斜撑;15—挡脚板;16—防护栏杆;17—连墙固定杆;18—柱距;19—排距;20—步距

①立杆。立杆是平行于建筑物并垂直于地面的杆件，是承受自重和施工荷载的主要受力杆件，间距不大于 1.5 m。

②纵向水平杆。纵向水平杆又称大横杆，是平行于建筑物并纵向连接各立杆的水平杆件，是承受并传递施工荷载给立杆的主要受力杆件，间距不大于 1.2 m。

③横向水平杆。横向水平杆又称小横杆，是垂直于建筑物，横向连接内排立杆、外排立杆的水平杆件，是承受并传递施工荷载给立柱的主要受力杆件，间距不大于 1 m。

④扣件。扣件是连接各杆件的连接件，如图 2.2 所示。可分为：

a.直角扣件：连接两根垂直相交的杆件，靠扣件和钢管之间的摩擦力传递施工荷载。

b.对接扣件：钢管对接接长用的扣件。

c.旋转扣件：连接两根任意角度相交的钢管的扣件，用于斜撑和剪刀撑与立杆、大横杆和小横杆之间的连接。

⑤剪刀撑。剪刀撑设在脚手架的外侧，呈“十”字交叉状，可增强脚手架的整体刚度和平面稳定性。

⑥斜撑。斜撑设在脚手架的外侧，上下连接，呈“之”字形布置，其作用与剪刀撑类似。

⑦连墙固定件。连墙固定件是连接脚手架与结构物之间的加固件，是承受风荷载并保持脚手架空间稳定的重要部件。

⑧扫地杆。扫地杆分为纵向扫地杆和横向扫地杆，一般连接立杆的下端，距底座下皮 200 mm，可约束立杆底端的纵横向位移。

(2)扣件式钢管脚手架构件的质量标准

• 钢管　脚手架钢管宜用 ϕ48.3×3.6 钢管，每根钢管的最大质量不应大于 25.8 kg。用于立杆、纵向水平杆和各支撑杆(斜撑、剪刀撑、抛撑等)的钢管长宜为 4~6.5 m，用于横向水平杆的钢管长宜为 2.1~2.3 m。钢管表面应平直光滑，不应有裂缝、结疤、分层、错位、硬弯、毛刺、压痕和深的划道，钢管上严禁打孔，应涂有防锈漆。钢管质量检验要求见表 2.1。

表 2.1　钢管的质量要求

项　目	质量要求	抽检数量	检查方法
钢管	应有产品质量合格证、质量检验报告	750 根为一批，每批抽取 1 根	检查资料
	钢管表面应平直光滑，不应有裂缝、结疤、分层、错位、硬弯、毛刺、压痕、深的划道及严重锈蚀等缺陷，严禁打孔；钢管使用前必须涂刷防锈漆	全数	目测
钢管外径及壁厚	外径 48.3 mm，允许偏差±0.5 mm； 壁厚 3.6 mm，允许偏差±0.36 mm，最小壁厚 3.24 mm	3%	游标卡尺测量

• 扣件　扣件的代号为 GK，其形式如图 2.2 所示。目前我国有锻造扣件与钢板压制扣件两种，前者质量可靠，应优先采用。扣件应符合以下技术要求：

①铸件不能有裂纹、气孔，不宜有疏松、砂眼或其他影响使用的缺陷，机械性能不低于

KTH330-08 的可锻铸铁要求。

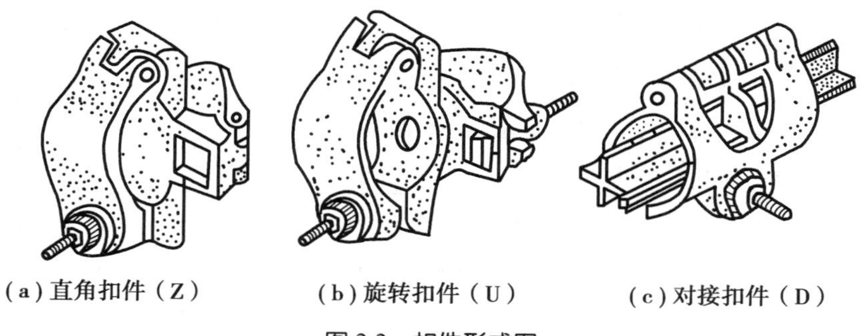

(a)直角扣件(Z)　(b)旋转扣件(U)　(c)对接扣件(D)

图 2.2　扣件形式图

②扣件与钢管的接触面应严密吻合。

③扣件应转动灵活,旋转扣件两旋转面的间距应小于 1 mm。

④当扣件夹紧钢管时,开口处的最小距离应小于 5 mm。

⑤扣件表面应进行防锈处理。

⑥扣件螺栓的拧紧扭力矩值不应小于 40 N·m,且不应大于 65 N·m,当达到 65 N·m 时,扣件不得被破坏。

- 脚手板　脚手板的类型有冲压式钢脚手板、木脚手板等,应符合以下质量标准:

①冲压钢脚手板的钢材应符合国家现行标准《碳素结构钢》(GB/T 700—2006)中 Q235 级钢的规定。冲压钢脚手板的外形如图 2.3 所示。

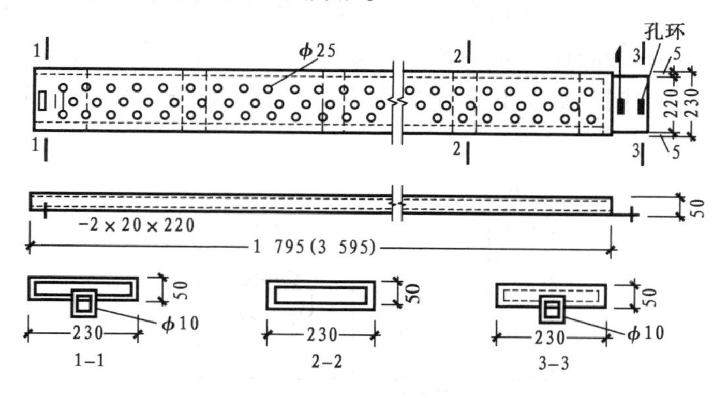

图 2.3　冲压钢脚手板

②木脚手板,板厚不应小于 50 mm,板宽宜为 200~250 mm,板长 3~6 m,在距板端 80 mm 处,用 10 号铁丝加两道紧箍,防止板端劈裂。脚手板除采用木脚手板外,也可以采用钢木混合脚手板、薄钢板脚手板等,使用这些脚手板时,应遵守相关的质量标准。

③脚手板铺设在小横杆上,形成工作平台,它必须满足强度和刚度的要求。

④无论哪种脚手板,每块重量均不宜大于 30 kg,以便工人搬运、安拆。

⑤各种脚手板的质量应符合表 2.2 的要求。

表 2.2　脚手板的质量要求

质量要求	抽检数量	检查方法
新冲压钢脚手板应有产品质量合格证		检查资料
冲压钢脚手板板面挠曲≤12 mm(l≤4 m)或≤16 mm(l>4 m);板面扭曲≤5 mm(任一角翘起)	3%	钢板尺
不得有裂纹、开焊与硬弯;新、旧脚手板均应涂防锈漆	全数	目测
木脚手板材质应符合现行国家标准《木结构设计规范》(GB 50005)中$Ⅱ_a$级材质的规定。扭曲变形、劈裂、腐朽的脚手板不得使用	全数	目测
木脚手板的宽度不宜小于 200 mm,厚度不应小于 50 mm;板厚允许偏差-2 mm	3%	钢板尺
竹脚手板宜采用由毛竹或楠竹制作的竹串片板、竹笆板	全数	目测
竹串片脚手板宜采用螺栓将并列的竹片串连而成。螺栓直径宜为 3~10 mm,螺栓间距宜为 500~600 mm,螺栓离板端宜为 200 ~ 250 mm,板宽 250 mm,板长 2 000 mm、2 500 mm、3 000 mm	3%	钢板尺

• 底座　扣件式钢管脚手架的底座,有可锻铸铁制成的底座和焊接底座两种,可根据具体情况选用。可锻铸铁制成的底座是标准底座。现场常用焊接底座,如图 2.4 所示。可锻铸铁底座的材质要求与扣件相同。焊接底座应采用 Q235A 钢,焊条应采用 E43 型,几何尺寸应符合图 2.4 的要求。

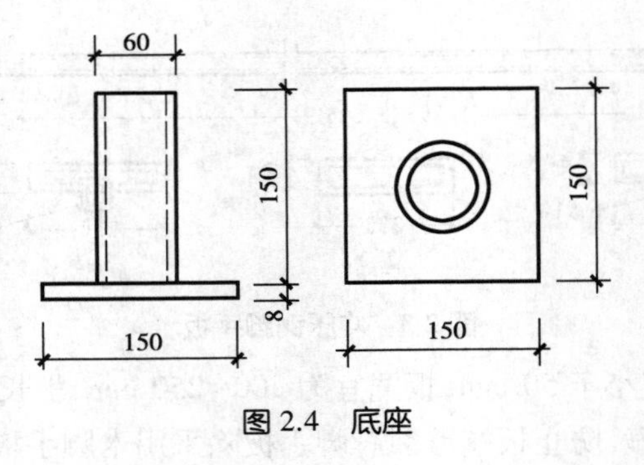

图 2.4　底座

门式钢管脚手架

门式钢管脚手架是以门架、交叉支撑、连接棒、水平架、锁臂、底座等组成基本结构,再以水平加固杆、剪刀撑、扫地杆加固,能承受相应荷载,具有安全防护功能,为建筑施工提供作业条件的一种定型化钢管脚手架,包括门式作业脚手架和门式支撑架,简称门式脚手架,现行标准为《建筑施工门式钢管脚手架安全技术标准》(JGJ/T 128—2019)。

整片门式钢管脚手架是由图2.5所示的基本单元互相连接,逐层叠高,左右伸展,再增加水平加固杆、剪刀撑及连墙杆等杆件所构成的。如图2.5所示,用连接棒和锁臂接高,纵向以交叉支撑连接立杆,在架顶水平面采用挂扣式脚手板或水平架,由此构成门式脚手架的基本单元。

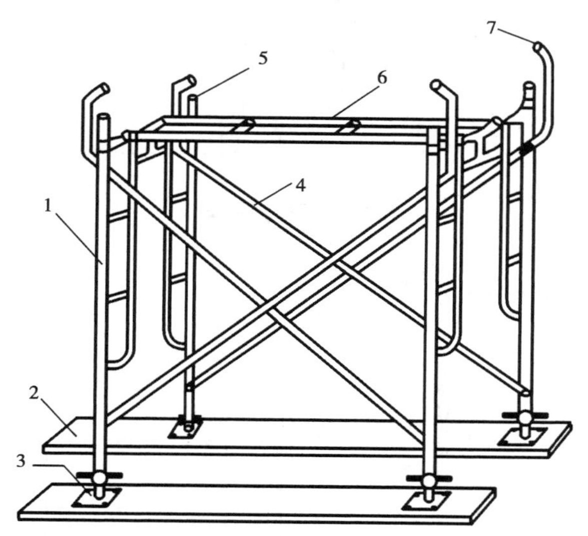

图2.5 门式脚手架的基本单元

1—门架;2—平板;3—螺旋基脚;4—剪刀撑;

5—连接棒;6—水平梁架;7—锁臂

各配件及其构造要求如下:

● 标准门形架 标准门形架形式如图2.6所示,其宽度为1.5 m和1.6 m,高度分为1.3 m,1.8 m和2 m三种。门形架一般用直径为38~45 mm,壁厚为3 mm的钢管组成,分立管、横管、斜管、挂架管等部分。两侧立管上留有栓孔,并带螺栓,如图2.7所示。梯形框架如图2.8所示,一般采用直径27~45 mm,壁厚3 mm的钢管焊成,分立管、横管、挂架管等部分。框架两侧立管上留有栓孔,并带螺栓,其主要作用是调整门架高度并组成操作平台。

图2.6 门形框架形式

● 底座 底座由底板、套管两部分焊成,如图2.9所示。底板一般用边长150~200 mm、厚8~10 mm的钢板,套管一般用直径32 mm、壁厚2.5 mm、长100~150 mm的钢管,顶端封严。

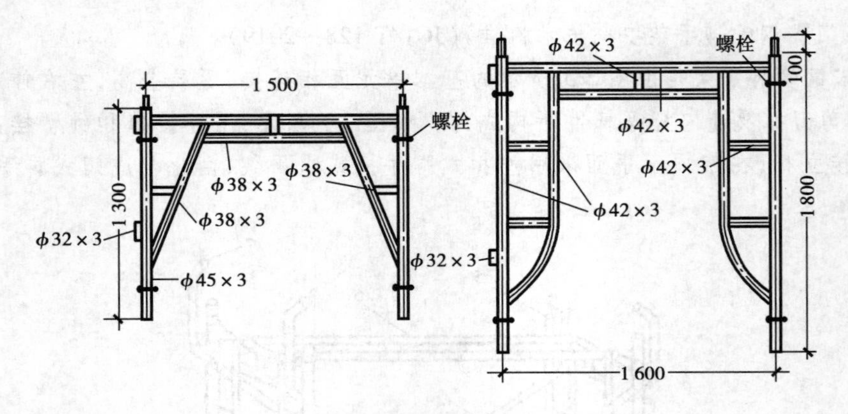

图 2.7　门形脚手架

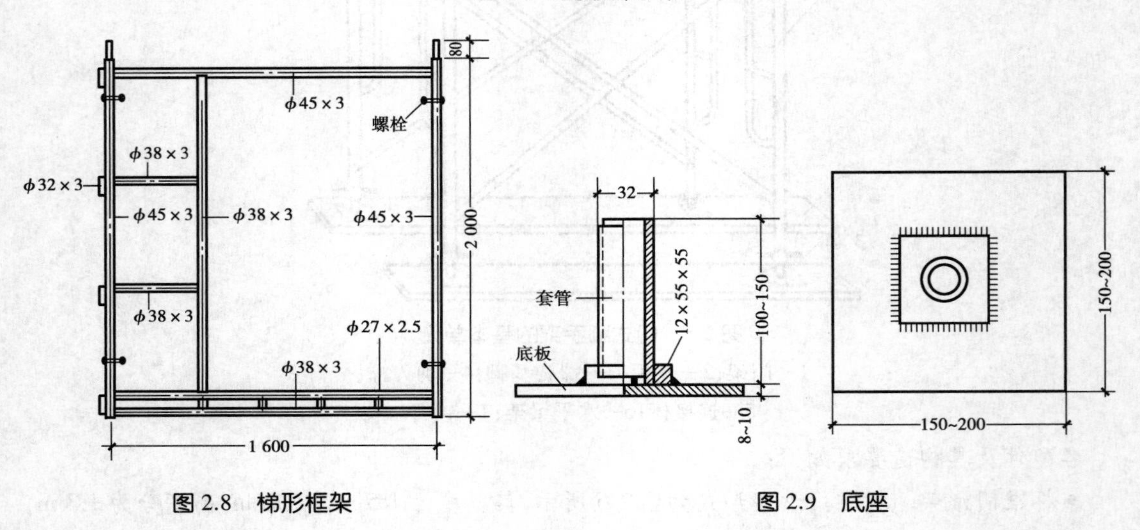

图 2.8　梯形框架　　　　图 2.9　底座

● 剪刀撑和水平撑　剪刀撑设在门式钢管脚手架的外侧，是与墙面平行的交叉杆件，作用是增强门架的稳定性，一般用直径 27 mm、壁厚 2.5 mm 的钢管制成，两头打扁，留有栓孔，如图 2.10(a)所示。水平撑沿脚手架的外侧封闭设置，是与地面平行的杆件，对脚手架起环箍作用，以加强脚手架的整体性，一般用直径 27 mm、壁厚 2.5 mm 的钢管制成，两头打扁，留有栓孔，如图 2.10(b)所示。

● 三角挑架　三角挑架一般用直径 12~20 mm 的钢筋或厚钢板焊成。端部焊有钢筋挡头，用以挡住脚手板。挑架底端的钢板做成圆弧形，用以箍住门架立杆。挑架顶部靠立杆一侧做成挂钩，用以与立杆的挂架管连接，如图 2.11 所示。安装三角挑架时，要将挑架的挂钩插入门架立杆的挂架管中，底端的弧形钢板包夹在门型架的立管上，如图 2.12 所示。

● 栏杆立柱和扶手　栏杆立柱和栏杆扶手是设置在门式脚手架或活动平台顶部的安全防护装置。栏杆立柱插放在顶部门架立杆中，栏杆扶手端部压扁部分钻有锁孔，与栏杆柱上锁销锁牢。栏杆立柱一般用直径 45 mm、壁厚 3 mm 的钢管制成，两侧焊有若干插管。扶手一般用直径 27 mm、壁厚 2.7 mm 的钢管制成，两端弯折插入插管中。现场也可以用水平撑代替扶手，

而在立柱上留栓孔，用螺栓将水平撑装在立柱上，如图2.13所示。

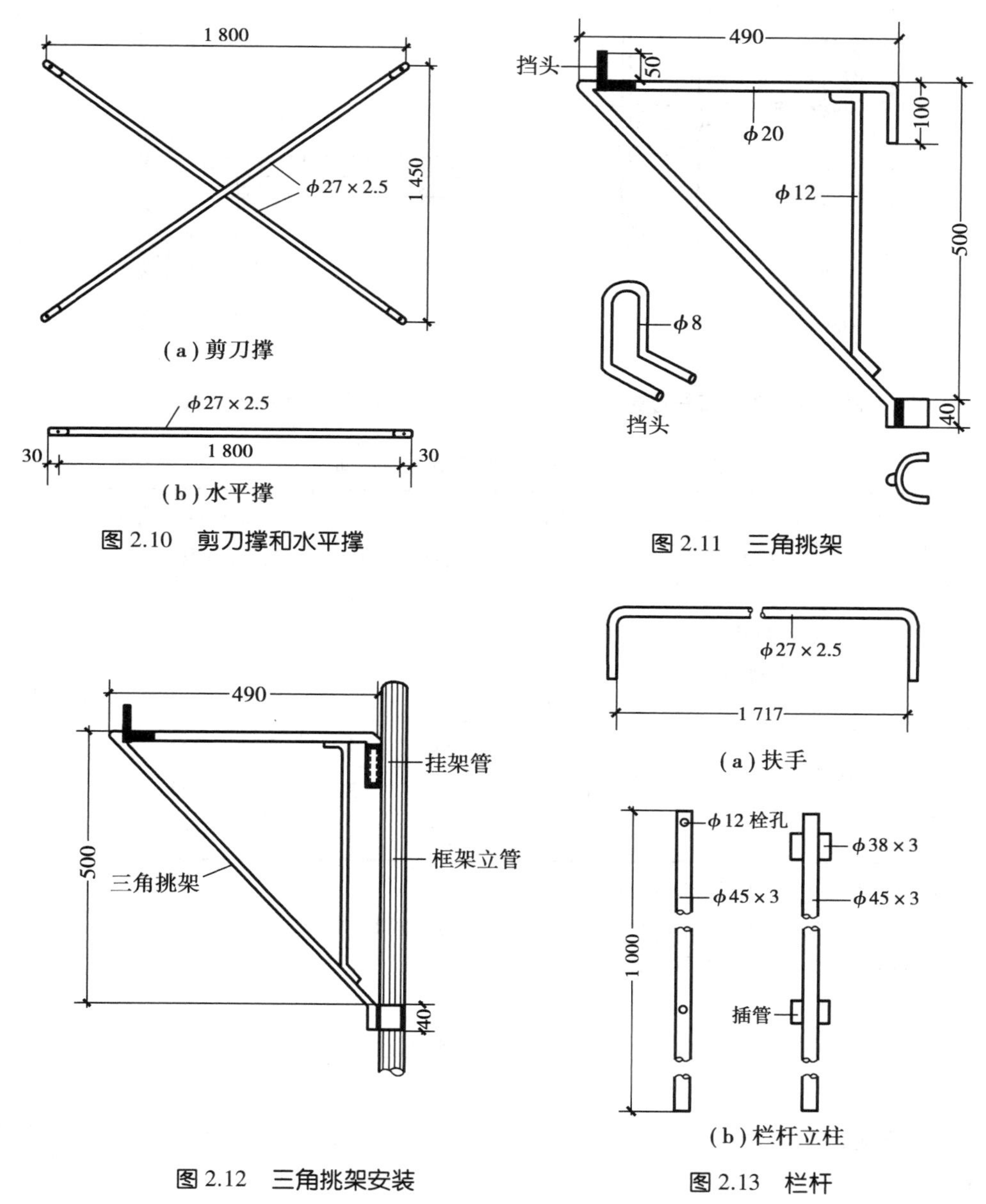

图2.10　剪刀撑和水平撑

图2.11　三角挑架

图2.12　三角挑架安装

图2.13　栏杆

●连墙件　连墙件是将门式钢管脚手架与建筑物相连接的部件。连墙件由连墙杆和锚固件组成。连墙杆应能承受10 kN的拉力和压力。连墙件可分钢连墙杆和木连墙杆两种形式。钢连墙杆拉结是预先在结构中预埋销片，然后将连墙杆的一端插入销片的预留栓孔中，另一端插入门架的挂架管中。连墙件还可分为夹固式和锚固式，如图2.14所示。木连墙杆拉结是将方木连墙杆顶住墙面，然后用8号铁丝绑扎在门架的横管上，并用8号铁丝穿过结构预埋的钢筋环孔与门架拉结。这种方法的拉结力较小，如图2.15所示。连墙件的最大竖向和水平间距应符合表2.3的要求。在下列情况和部位应增设连墙件：

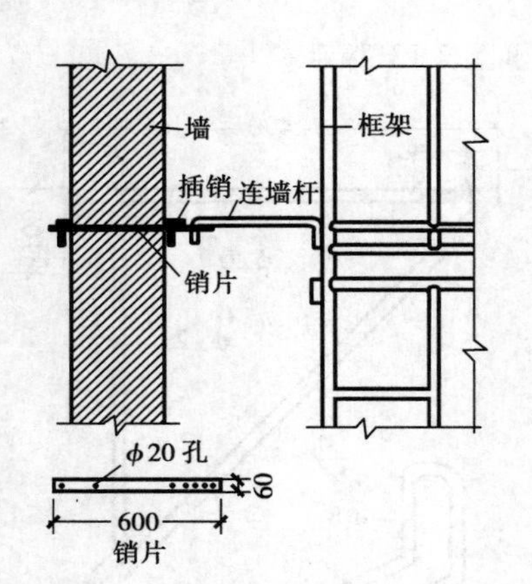

图 2.14　钢连墙杆拉结

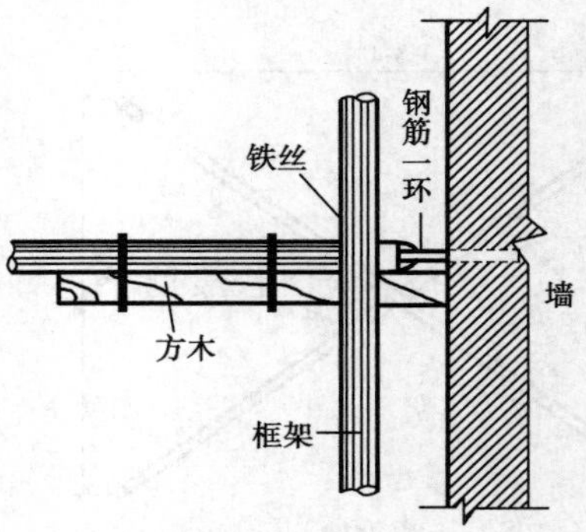

图 2.15　木连墙杆拉结

表 2.3　连墙件最大间距或最大覆盖面积

<table>
<tr><th rowspan="2">序号</th><th rowspan="2">脚手架搭设方式</th><th rowspan="2">脚手架高度/m</th><th colspan="2">连墙件间距/m</th><th rowspan="2">每根连墙件覆盖面积/m²</th></tr>
<tr><th>竖向</th><th>水平</th></tr>
<tr><td>1</td><td rowspan="3">落地、密目式安全网全封闭</td><td rowspan="2">≤40</td><td>3h</td><td>3l</td><td>≤33</td></tr>
<tr><td>2</td><td rowspan="2">2h</td><td rowspan="2">3l</td><td rowspan="2">≤22</td></tr>
<tr><td>3</td><td>>40</td></tr>
<tr><td>4</td><td rowspan="3">悬挑、密目式安全网全封闭</td><td>≤40</td><td>3h</td><td>3l</td><td>≤33</td></tr>
<tr><td>5</td><td>>40~≤60</td><td>2h</td><td>3l</td><td>≤22</td></tr>
<tr><td>6</td><td>>60</td><td>2h</td><td>3l</td><td>≤15</td></tr>
</table>

注:①序号 4~6 为架体位于地面上高度;

②按每根连墙件覆盖面积设置连墙件时,连墙件的竖向间距不应大于 6 m;

③表中 h 为步距,l 为跨距。

①因设防护棚、水平安全网或承托架,对脚手架产生水平作用力时,应增设连墙件。连墙件的间距不宜大于 4 m。

②脚手架拐角处及一字形或非封闭的脚手架两端应增设连墙件,连墙件的竖向间距不宜大于 4 m。

③连墙件宜靠近门架的横杆设置,距横杆不宜大于 200 mm。连墙件应固定在门架的立杆上。

④门式钢管脚手架一般宜采用钢连墙杆拉结。

阅读理解

碗扣式钢管脚手架

碗扣式钢管脚手架中，钢管间的连接均采用水平和竖向的垂直连接，构造简单，搭接方便。钢管一般采用 Q235 钢管，外径 48 mm，壁厚 3.5 mm。

碗扣式脚手架的扣件包括上碗扣、下碗扣和限位销，并且它们按 600 mm 间距设置在钢管立杆上，其中下碗扣和限位销是直接焊在立杆上，而上碗扣只要将其缺口对准限位销后，就能沿立杆向上滑动。把横杆接头插入下碗扣圆槽（可同时插 4 根横杆），随后将上碗扣沿限位销滑下，用锤子沿顺时针方向敲击几下，就可扣紧横杆接头。碗扣式钢管脚手架的主要配件有立杆、顶杆、横杆、斜杆和支座 5 种。碗扣接头如图 2.16 所示。

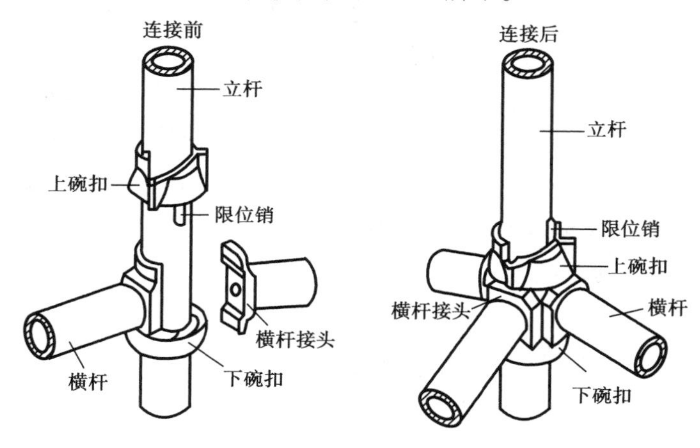

图 2.16　碗扣接头

活动建议

到工地参观，识别扣件式钢管脚手架各部分的名称及相关的技术要求。

4）安全使用脚手架的“12 道关”

- 人员关　有高血压、心脏病、癫痫病、晕高、视力差等不适合进行高处作业的人员，未取得架子工特种作业上岗操作证的人员，均不得从事脚手架搭设和拆除作业。
- 材质关　脚手架所用的材料、扣件等必须符合国家规定，经验收合格后才能使用，杜绝使用假冒伪劣和不合格的产品。
- 尺寸关　必须按规定的立杆、横杆、剪刀撑、护身栏等间距尺寸搭设，各杆件接头要错开。
- 地基关　土壤必须夯实，地基排水要良好，防止积水。立杆插在底座上，下铺 5 cm 厚的垫板，并加绑扫地杆。高层脚手架的基础要经过计算，采取加固措施。
- 防护关　作业层内侧脚手板与墙的距离不得大于 20 cm，外侧必须搭设两道护身栏和一道挡脚板，或采用设一道护身栏，立挂安全网，下口封严。在操作层下一步架搭设一层脚手板,以保证安全。如因材料不足不能设安全层时,可在操作层下一步架铺设一层水平安全网,以防坠落。

• 铺板关　脚手板必须铺满、铺牢,不得有探头板和飞跳板。要经常清除板上杂物,保持清洁平整。

• 稳定关　必须按规定设剪刀撑。20 m 以上的脚手架剪刀撑,宽度不得超过 7 根立杆,水平面夹角应为 45°~60°。脚手架必须按楼层与墙体拉结牢固,每层拉结点的垂直距离不得超过 4 m,水平距离不得超过 6 m,高大架子不得使用柔性拉结。

• 承重关　荷载不得超过规定,如在脚手架上堆砖,只允许单行侧摆 3 层。

• 上下关　必须有供工人安全行走的合格斜道和阶梯,严禁施工人员沿脚手架爬上爬下。

• 雷电关　脚手架高于周围避雷设施的,必须安装避雷针,其接地电阻不得大于 4 Ω。在带电设备附近搭拆脚手架时应停电进行,或者遵守下列规定:严禁跨越 35 kV 及以上带电设备;10 kV 以下水平和垂直距离不应小于 1.5 m,并应有电气工作人员现场监护。

• 挑别关　对特殊架子的挑梁、别杆是否符合规定,必须认真检查和把关。

• 检验关　架子搭好后,必须经过有关人员检查验收合格后才能上架作业。要加强使用过程中的检查。高大脚手架应分阶段搭设、验收、使用,发现问题应及时解决。大风、大雨、大雪后要认真检查,确认无安全隐患后,方可使用。

5)脚手架的一般安全防护规定

(1)构架结构

在满足使用要求的构架尺寸的同时,应确保以下安全要求:

①构架结构稳定,主要包括:

a.构架单元不缺少基本的稳定构造部件。

b.整架按规定设置斜杆、剪刀撑、连墙杆或撑、拉件。

c.在通道、洞口以及其他需要加大结构尺寸(高度、跨度)或承受超规定荷载的部位,根据需要设置加强杆件或采取构造措施。

②连接节点可靠,主要包括:

a.杆件的交叉位置符合节点构造规定。

b.连接件的安装和紧固力矩符合要求。

(2)脚手架的基础(地基)和拉撑结构

①脚手架的基础、地基应平整夯实,具有足够的承载力和稳定性。脚手架设于坑边或台上时,立杆距坑、台的上边缘不得小于 1 m,且边坡的坡度不得大于土的自然安息角,否则应做边坡的保护和加固处理。脚手架的立杆之下必须设置垫座或垫板。

②脚手架的连墙点、撑拉点和悬挂(吊)点必须设置在能可靠地承受撑拉荷载的结构部位,必要时应进行结构验算。

(3)安全防护

脚手架上的安全防护设施应能有效地提供安全防护功能,防止脚手架上的人员和物品坠落。

①搭设和拆除中的安全防护,包括以下方面:

a.作业现场应设安全护围和警示标志,禁止无关人员进入危险区域。

b.对尚未形成或已失去稳定的脚手架部位应加设临时支撑或拉结。

c.在无可靠的安全带扣挂装置时,应拉设安全绳。

d.设置材料提上或吊下设施,禁止投掷。

②作业面的安全防护,包括以下方面:

a.除高度在 2 m 以下的装修脚手架允许使用 2 块脚手板外,其他脚手架作业面均不得少于 3 块脚手板。脚手板之间不留空隙,脚手板与墙面之间的空隙一般不大于 200 mm。

b.脚手板在长度方向采用平接时,其相接端头必须顶紧,其端部下的小横杆应连接牢固,小横杆中心到板端的距离应取 130~150 mm,如图 2.17(a)所示。

c.脚手板在长度方向采用搭接时,搭接长度不得小于 200 mm,其下的小横杆距板端头不应小于 100 mm,如图 2.17(b)所示,且搭接端也必须拴接牢固。

d.在脚手架转角处,脚手板应交叉(重叠)搭设,如图 2.18 所示。作业层端部脚手板伸出横向水平杆的长度不应大于 150 mm,并应与支承杆绑扎连接。

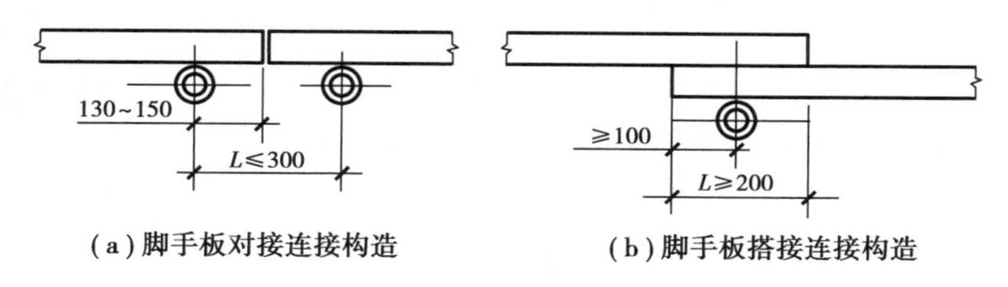

(a)脚手板对接连接构造　　(b)脚手板搭接连接构造

图 2.17　脚手板对接、搭接连接构造

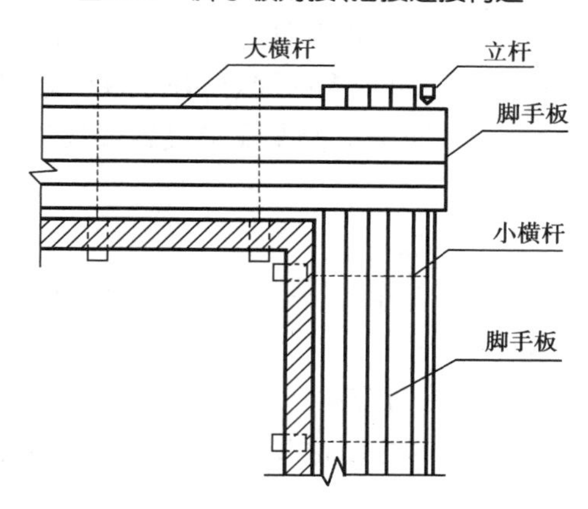

图 2.18　转角处脚手板搭接

e.作业面外侧应加设挡脚板和两道防护栏杆,必要时栏杆外挂设塑料编织布(高度不低于 1.0 m,或按步距设置),两道栏杆满挂安全网,两道栏杆绑挂高度不小于 1 m。

③临街防护,应注意以下几方面:

a.采用塑料编织布、竹笆、席子或篷布将脚手架的临街面完全封闭。

b.在临街面满挂安全网,下设安全通道。通道的顶盖应满铺脚手板或其他能可靠承接落物的板篷材料。

c.通道顶盖临街的一侧应设高于篷顶 0.8 m 以上的挡板,以免落物反弹到街上。

④人行和运输通道的防护,应注意以下几方面:

a.贴近或穿过脚手架的人行和运输通道必须设置板篷。

b.上下脚手架有高度差的入口应设坡道或踏步,并设栏杆防护。

⑤吊脚手架、挂脚手架在移动至作业位置后,应采取撑、拉办法将其固定以减少其晃动。

6)脚手架的安全操作要点

(1)脚手架的搭设作业

①架上工作人员应穿防滑鞋,系安全带。为了便于作业和确保安全,脚下应铺设足够数量的脚手板,脚手板铺设应平稳,不得有探头板。

②架上作业人员应分工和配合,传递杆件时应掌握好重心,平稳传递。不要用力过猛,以免造成人身或物件失稳。

③作业人员应佩带工具袋,操作工具应放在工具袋内,防止工具失落伤人。

④架设材料应随搭设进度随用随上,以免放置不当,掉落伤人。

⑤每次收工前,架上材料应使用完毕,不要留存在作业面上。已搭设的架子应形成稳定结构,不稳定的应立即进行加固。

⑥在搭设过程中,地面上配合施工的人员应避开可能落物的区域。

(2)作业面上的操作

①不得任意拆除脚手架的基本构件和连墙件,以免影响脚手架的稳定。因作业需要必须拆除某些杆件或连墙件时,应征得施工负责人的同意,并采取可靠的加固措施。

②不准随意拆除安全防护设施。安全防护设施未设置或设置不合格的,应补做或改善后才能上架作业。

(3)脚手架的拆除作业

脚手架的拆除作业危险性大于搭设作业,因此在拆除前应制订详细的拆除方案,做到统一指挥,并对拆除人员进行安全技术交底。

①按既定程序进行拆除作业,拆除时应注意以下事项:

a.一定要按先搭后拆、后搭先拆的次序,逐步、逐层、逐件地拆除,并及时将拆下的材料吊运到地面。

b.拆除脚手板、杆件、门架,以及较长、较重、两端连接的部件时,一定要 2 人或多人作业。拆除水平杆时,松开连接后应水平托下;拆除立杆时,应先把稳上端,再松开下端连接取下。

c.应尽量避免单人作业。多人作业时,应加强指挥,禁止不按程序进行乱拆乱卸。

d.因拆除上部或一侧的连墙件而使架子不稳时,应采取临时撑拉措施,以免因架子晃动影响作业安全。

②做好现场安全防护工作：

a.拆除现场应设可靠的安全警戒线，并设专人看管，严禁非施工人员进入拆除作业区。

b.严禁将拆除的杆件和材料向地面抛掷。已吊运至地面的材料应及时运出拆除区域，保持现场整洁。

c.作业人员的安全防护要求同搭设作业。

活动建议

组织学生到施工现场，看看施工现场搭设的脚手架哪些地方做得好？哪些地方不规范？哪些地方做错了？

练习作业

1.搭设脚手架有哪些基本要求？

2.安全使用脚手架的“12 道关”是什么？

3.脚手架作业面的安全防护包括哪些内容？

2.2.2 临边、洞口的安全防护

问题引入

人、物坠落常发生在哪些部位？你知道建筑中所说的“四口”“五临边”是指什么吗？

1)“五临边”及其防护

(1)“五临边”

- 深度超过 2 m 的槽、坑、沟的周边
- 无外脚手架的屋面和框架结构楼层的周边
- 井字架、龙门架、外用电梯和脚手架与建筑物的通道两侧边
- 楼梯口的梯段边
- 尚未安装栏板或栏杆的阳台、料台、挑平台的周边

提问回答

就你所参观的建筑施工现场，哪些是临边？

小组讨论

临边施工是否安全？为什么？

(2)对“五临边”的防护

临边是防止施工中人、物坠落的重点部位。临边的防护，一般是设 2 道防护栏杆或一道栏杆，加挂安全网。在条件许可的情况下，阳台栏板和维护结构随层安装，是解决相关安全防护的最好办法。常见的防护栏杆如图 2.19、图 2.20、图 2.21 所示。

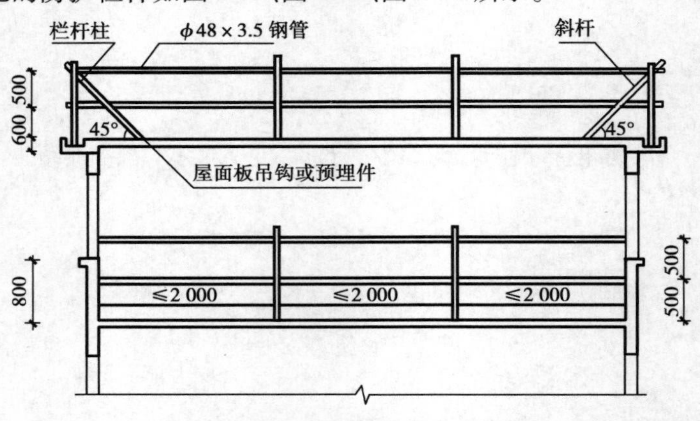

图 2.19 屋面楼层临边防护栏杆

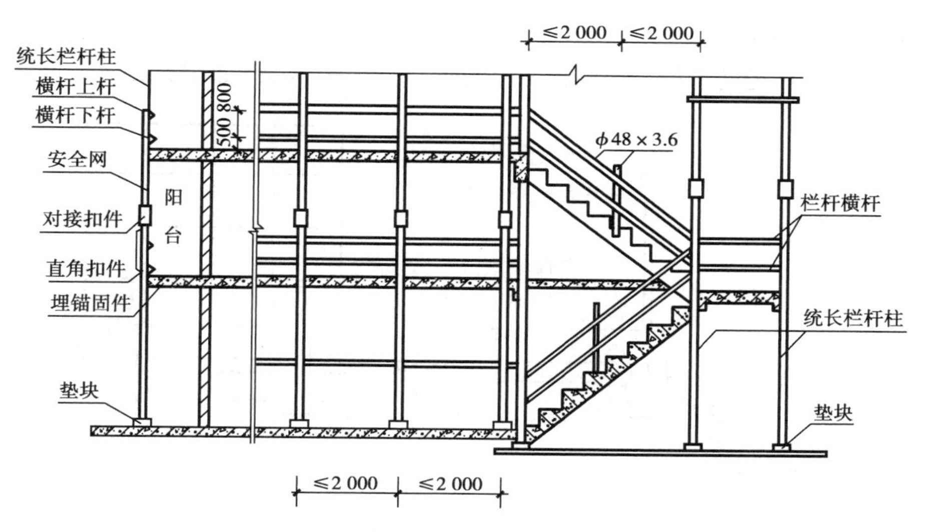

图 2.20　楼梯、楼层和阳台防护栏杆

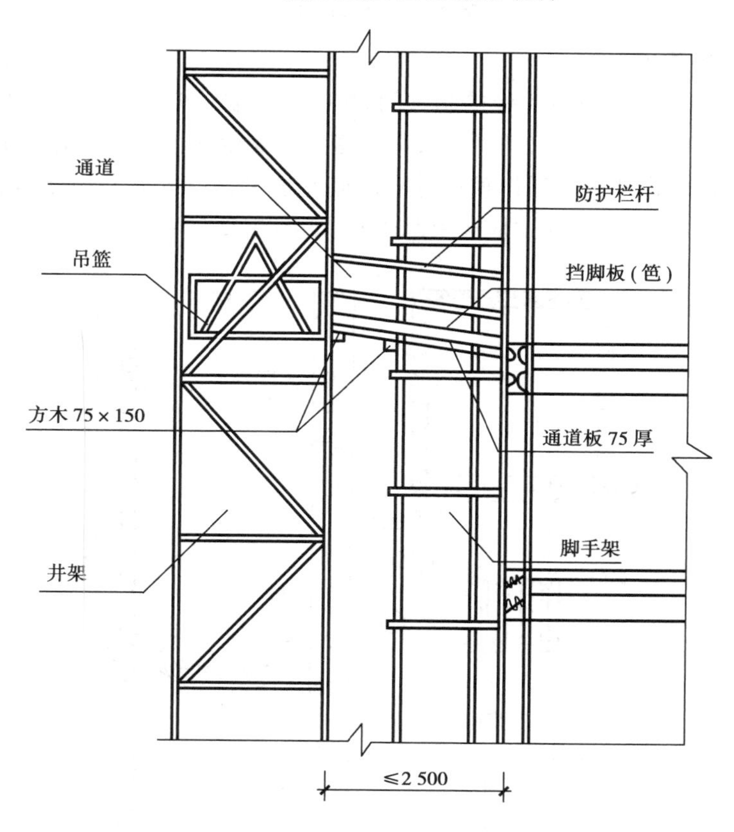

图 2.21　通道侧边防护栏杆

2)“四口”防护

建筑施工中的“四口”是指楼梯平台口、电梯井口、出入口(通道口)、预留洞口。

(1)楼梯平台口的防护

在楼梯口处设两道防护栏杆或制作专用的防护架,随层架设,如图 2.22 所示。

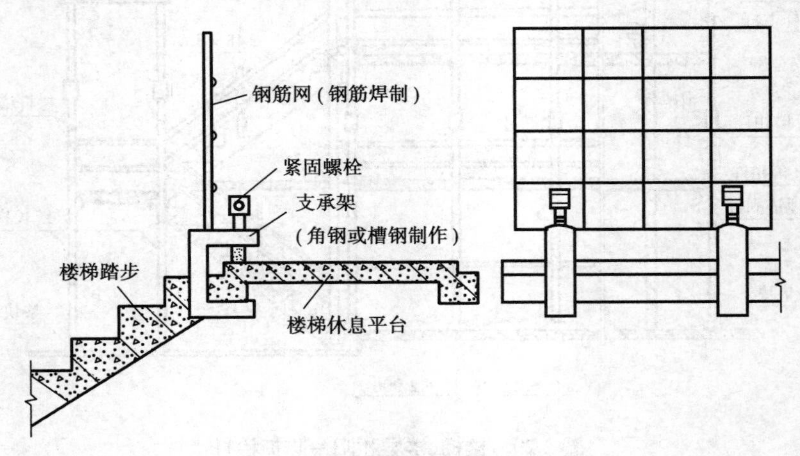

图 2.22 楼梯口防护

(2)电梯井口的防护

在电梯井口应设置不低于 1.5 m 的防护门,防护门底端距地面高度不应大于 50 mm,并应设置挡脚板。电梯井内首层以上,每隔 4 层设一道水平安全网。安全网应封闭严密,未经上级主管技术部门批准,电梯井内不得作垂直运输通道或垃圾通道。如井内已搭设安装电梯的脚手架,其脚手板可花铺,但每隔 4 层应满铺脚手板,如图 2.23 所示。

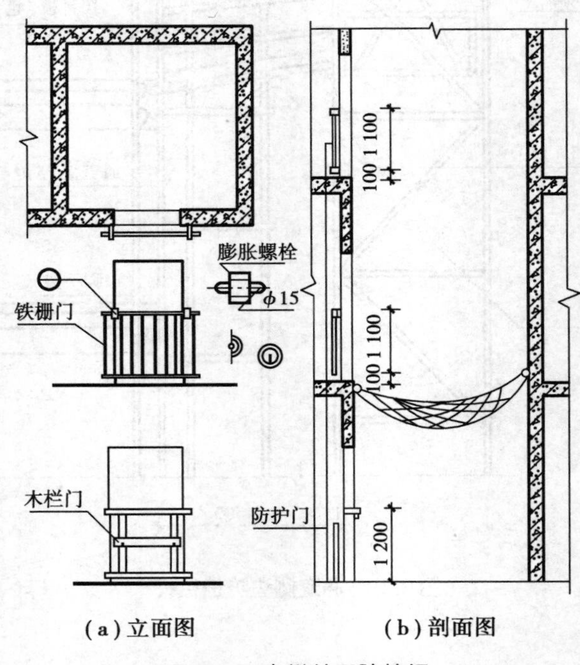

(a)立面图 (b)剖面图

图 2.23 电梯井口防护门

(3)出入口的防护

出入口是指建(构)筑物首层供施工人员进出建(构)筑物的通道出入口。其防护要求是:在建筑物的出入口搭设长 3~6 m、两侧宽于通道各 1 m 的防护棚,棚顶应满铺不小于 5 mm 厚的脚手板,非出入口和出入口通道两侧必须封严,严禁人员出入。

(4)预留洞口的防护

预留洞口是指在建(构)筑物中预留的各种设备管道、垃圾道、通风口的孔洞。其防护要求是:1.5 m×1.5 m 以下的孔洞,应预埋通长钢筋网并加固定盖板,如图 2.24 所示;1.5 m×1.5 m 以上的孔洞,四周必须设两道护身栏杆,中间支挂水平安全网,如图 2.25 所示。半地下室的采光井,上口应用脚手板铺满,并与建筑物固定。

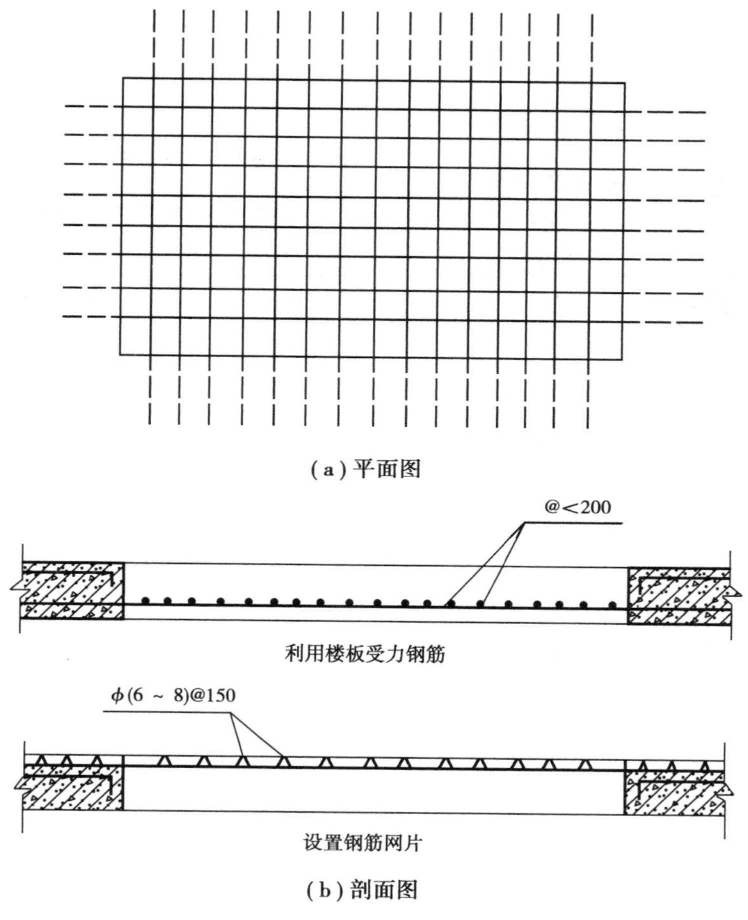

图 2.24 洞口钢筋防护网

组织学生到施工现场参观,注意“四口”“五临边”的具体做法,并指出所参观工地做得好的地方和不足之处。

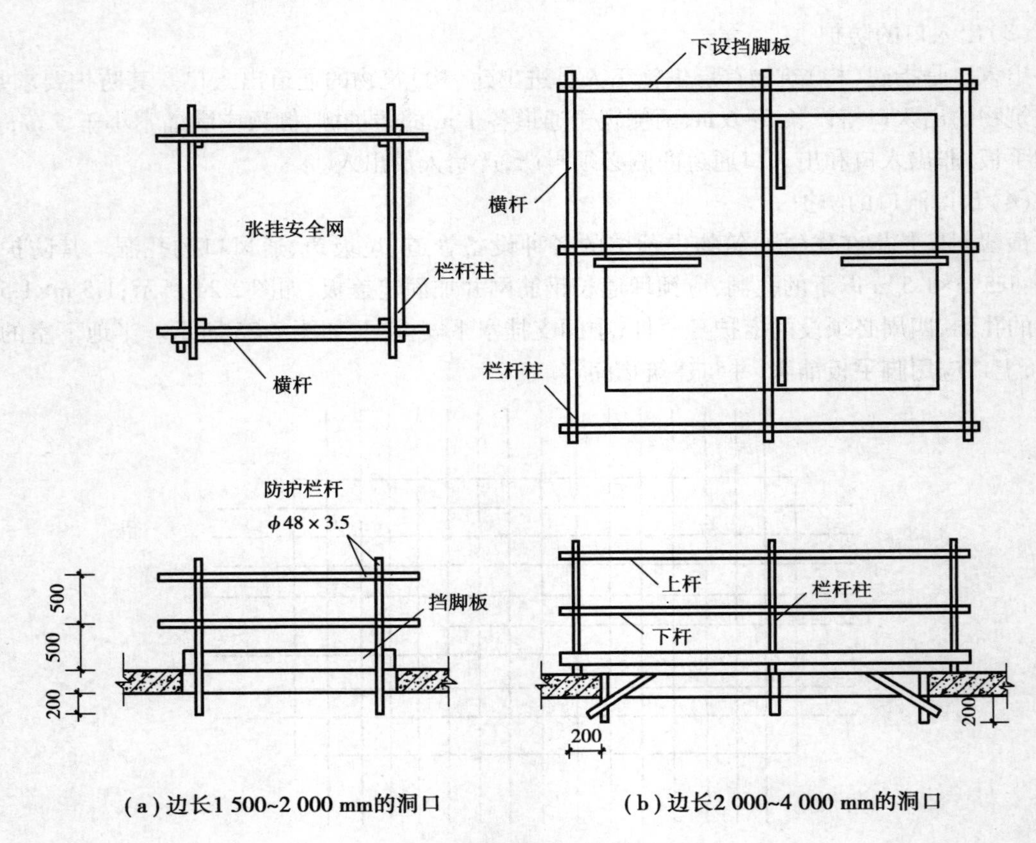

(a)边长1 500~2 000 mm的洞口

(b)边长2 000~4 000 mm的洞口

图2.25 洞口防护栏杆

练习作业

1.“四口”“五临边”指的是哪些地方？

2.“四口”“五临边”的安全防护有哪些要求？

2.3 常用建筑施工机械的安全防护及操作

2.3.1 龙门架、井字架的安全防护及操作

龙门架、井字架的升降机都是用作施工中物料垂直运输。龙门架由天梁及两根立柱组成，井字架是截面形如“井”字的架体。两者都是用提升货物的吊篮在架体中间上下运行。

1) 构造

龙门架、井字架构造相似，其主要构件有立柱、天梁、上料吊篮、导轨及底盘，如图 2.26 所示。架体的固定方法可采用在架体上拴缆风绳，其另一端固定在地锚处；或沿架体每隔一定高度设一道附墙杆件，与建筑物的结构部位连接牢固，从而保护架体的稳定。

2) 安全防护装置

- 安全停靠装置　当吊篮运行到位时，停靠装置将吊篮定位，使吊篮稳定停靠，以保障人员进入吊篮内作业时的安全。目前各地区停靠装置形式不一，有自动型和手动型，即吊篮到位后由弹簧控制或用手扳动，使支杠伸到架体的承托架上，其荷载全由停靠装置承担，此时钢丝绳不受力，只起保险作用。吊笼停层后底板与停层平台的垂直高度偏差不应超过 30 mm。

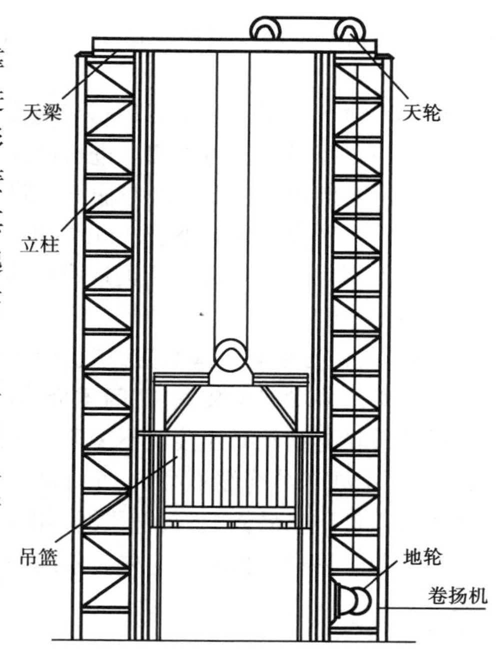

图 2.26　龙门架升降机

- 断绳保护装置　在吊篮悬挂或运行中发生钢丝绳突然折断时，断绳保护装置立即弹出，将吊篮卡在架体上，使吊篮不坠落，以保护架下工作人员的安全且不造成结构被坏，自升平台应采用渐进式防坠安全器。
- 吊篮安全门　安全门在吊篮运行中起防护作用。最好是将安全门制成自动开启型，即当吊篮落地时，安全门自动开启；吊篮上升时，安全门自动关闭，这样可避免因忘记关闭安全门致使物料从吊篮中滚落。
- 楼层口停靠栏杆　升降机与各层进料口的结合处搭设有运料通道，以运送材料。当吊篮上下运行时，各通道口处于危险的状态。因此，楼层各通道口处应设置常关闭的停靠栏杆，待吊篮运行到位，停稳后方可开启。
- 上料口防护棚　升降机地面进料口是运料人员经常出入和停留的地方，易发生落物伤人事故。为此，要在距地面一定高度处搭设防护棚，其长度不应小于 3 m，宽度应大于吊笼宽度。

• 超高限位装置　井字架、龙门架的天轮与最高一层上料平台的垂直距离应不小于 6 m。为防止因司机误操作或机械电气故障而引起的吊篮失控上升，与天梁碰撞，必须设置超高限位装置，使吊篮上升到最高位置时，与天轮间的垂直距离不小于 3 m。

• 下极限限位装置　下极限限位装置是防止吊篮下行时不停机，而使吊篮撞击底部的缓冲装置。安装时将下限位调试到碰撞缓冲器之前，可自动切断电源，保证安全运行。

• 超载限位器　超载限位器的作用：防止装料过多，以及司机对散状物料的重量难以估计而造成的超载运行。当吊篮内荷载达到额定荷载的 90%时，发出报警信号；荷载超过额定值 110%时，切断起升电源。

• 通信装置　使用高架升降机或利用建筑物内通道运行的升降机时，因司机视线障碍不能清楚看到各楼层，故增加此种设施。司机与各层运料人员靠通信装置及信号装置进行联系，确定吊篮实际运行的情况。通信装置应同时具备语言和影像显示功能。

3）垂直运输架的安全防护要点

①垂直运输架的基础必须坚固，土壤要夯实，铺上厚度为 50 mm 的木板。一般井架的四角应设双排立杆，高井架的立杆要经过计算。吊篮进出料口必须有活动的安全门。

②垂直运输架的高度应高出使用面 6 m，在滑轨上必须安装超高限位装置，并保证在使用中灵敏有效。

③垂直运输架首层进料口必须搭设宽度不小于 2 m、高度不低于 3 m 的防护棚。高度超过 30 m 后，还须搭设双层防护棚。进料口其他三面应设围杆，禁止人员通行。

④垂直运输架的任一点与架空输电线路或带电设备的水平或垂直距离均不小于 3 m。

⑤各层卸料平台宽度不小于 1 m，高度不宜小于 1.8 m，搁置点必须坚固牢靠，与吊篮出料门之间的距离不大于 100 mm，两侧应有挡脚板及 1.2 m 高的 2 道护身栏，平台口必须安装安全门，不用时必须关闭。

⑥滑轮、吊钩必须有保险装置，禁止使用开口滑轮。

⑦吊篮必须装设定位装置，在四角全部托实后，方准上人接物运料。

⑧吊篮滑轮与钢丝绳连接应不少于 4 个绳卡，绳卡间距不小于钢丝绳直径的 6 倍，要有安全弯，最后一个绳卡离绳端不小于 150 mm。

⑨严禁人员乘坐吊篮上下，缆风绳不准用钢筋替代。使用中应经常检查，发现有隐患时应停止使用并及时修理。拆除时应先设临时缆风绳。

请阅读《龙门架及井架物料提升机安全技术规范》（JGJ 88—2010）。

练习作业

1.龙门架有哪些构件？如何固定龙门架？

2.龙门架有哪些安全防护装置？

2.3.2 中小型建筑机械的安全防护及操作

1)卷扬机操作的安全要求

①司机应经常检查机械运行情况及电气线路是否正常,发现问题应及时报告领导及有关部门进行修理,在未修复前,司机有权拒绝工作。

②准备工作时,司机应先把吊篮降至地面,以免发生危险。

③交接班时,交班司机应把机械运行情况交代清楚,做好记录,接班司机在完成各接班事项后才能开始工作。

④卷扬机在使用前,须按规定进行检查。特别是制动装置必须保证其可靠性,应进行空载和负载试运行。

⑤卷扬机须按出厂说明书规定的负荷使用(旧机械须经动力部门技术鉴定后方能使用)。

⑥司机对于卷扬机的性能必须全面了解,并做到熟练操作,对于机件要进行经常性的检查和保养。

⑦卷扬机正转变反转时,应先停车,再按反转按钮,禁止不停车直接按反转按钮。

⑧卷扬机须搭设防雨、防护操作棚。

⑨卷扬机上使用的钢丝绳磨损断丝达10%时,必须报废更换。

⑩夜班操作应设有足够的照明,保证司机操作时能清楚地看到吊篮动态。

⑪司机应持有操作证才能上岗作业。

使用木工机械的安全要求

(1)平刨机使用的安全要求

①平刨机必须有安全保护装置,否则禁止使用。

②刨料时操作者应保持身体稳定,双手操作。

③刨削量每次不得超过1.5 mm。进料速度保持均匀,经过刨口时用力要轻,禁止在刨刀上方回料。

④刨削厚度小于15 mm、长度小于300 mm的木料时,必须使用压板或推棍,禁止用手推料。

⑤遇到节疤戗茬时要减慢推料速度,禁止手按在节疤上推料。刨旧料时必须将钉子、泥沙等清除干净。

⑥换刀片时应拉闸断电或摘掉皮带。

⑦同一台刨机的刀片质量、厚度必须一致,刀架、夹板必须吻合。不准使用刀片焊缝超出刀头和有裂缝的刀具。紧固刀片的螺钉,应嵌入槽内,离刀背不少于10 mm。

(2)圆盘机使用的安全要求

①锯料前应先检查,锯片不得有裂口,螺母应上紧。

②操作时要戴防护眼镜,锯料时应站在锯片一侧,禁止站在与锯片同一条直线上。操作中手臂不得超越锯片。

③进料时不得用力过猛，遇硬节时要减缓推料速度。待料出锯片 150 mm 时方可接料，且不得用手拉料。

④锯短窄料时，应用推棍，接料使用刨钩。横断面直径或边长超过锯片半径的木料，禁止上锯。

⑤如发生卡料时不得生拉硬推，要及时拉闸断电，进行处理。

⑥不许戴手套操作，机上应设操作开关。

2）电焊操作的安全要求

①操作开关时必须戴手套，禁止脸正对着电闸推拉。

②工作地点潮湿时应铺上干燥木板。

③雨天在室外工作时，电闸箱、焊机必须有防雨设施。

④工作时必须戴头罩、手套，穿作业服、绝缘鞋。

⑤电焊机必须安装漏电开关，漏电动作电流不大于 30 mA，动作时间 0.1 s。

⑥工作完成后，必须先将电闸拉下，再摘掉电线，并在工件附近将电线盘起放在适当场所。暂停工作时，应有人看管，不允许未关闭电源离开岗位。

⑦在高空作业时，必须系安全带，背焊条袋。工具材料等放置要妥当，避免掉下伤人。

⑧工作时不得将工作物压在胶皮管上或电线上。

⑨绝对禁止焊接有压力作用的工作物。

⑩内有易燃气体或油脂类的管道、缸、罐等，必须清理干净，经负责人员检查合格后，方可焊接。

⑪电线破露部位，应及时用绝缘胶布包扎好，焊接时严禁在其附近放置易燃物品。

⑫电焊工在锅炉或金属容器内工作，须穿软底胶皮鞋，戴胶皮手套，头戴胶皮帽，身体不能与焊接金属部分接触。注意保持良好的通风。所用的照明电压不得超过 12 V。

⑬在锅炉、金属容器及通风不良处进行焊接工作时，应有通风装置，并保证温度不超过 40 ℃。否则，必须实行换班制，每轮工作时间不超过 30 min，且容器内温度不应超过 50 ℃。

⑭地线要安装好，保证不会冒火花，不会掉落。地线不允许搭接在外架子或钢筋上。

⑮高空作业前应进行体格检查，证明适合高空作业者才允许作业。

3）气焊操作的安全要求

（1）气焊操作安全要求

①工作前检查切割器、压力表等是否完好，周围有无易燃、易爆和油类物质，并应远离电源。必要时设专人看管火情，并配置灭火器材。

②氧气瓶解冻时禁止用火烤，夏季应防日晒，氧气瓶嘴禁止沾污油脂。

③高空切割下来的构件零头，不准往下扔，应用绳索往下吊放，下面设专人接收。

④氧气瓶、乙炔瓶应轻拿轻放，不得碰撞，不得从车上往下扔、滚。氧气瓶应有瓶帽，瓶身有两个胶皮圈。不得 1 人用肩扛氧气瓶，必须 2 人抬或用小车运送。

⑤使用过的电石不许放入有新电石的桶里。

⑥禁止在使用中的电石罐旁点火或吸烟，尤其在冬季取暖时更要注意，以防爆炸。

⑦氧气瓶、乙炔瓶集中使用，储存的地点应设瓶架，保证瓶立直，上部须有棚盖。氧气瓶、

乙炔瓶必须分开存放。

⑧焊接特殊合金钢、有色金属时，或特殊环境中进行切割时，应根据不同情况，制订安全技术操作规程。

⑨在拆除工程中，应特别注意构件坠落的方向和弹冲范围。事先选择安全地点，系上安全带再进行操作。所有气焊工具、设备，包括氧气瓶、乙炔瓶（罐）、胶管等均应按不同要求定期进行安全技术检查，不合格者一律禁止使用。

⑩只有经过专门学习和培训，掌握安全技术操作规程，并取得气焊合格证书者，方可进行气焊操作。

（2）乙炔发生器使用的安全要求

①乙炔发生器室内不准穿带钉鞋，并严禁烟火。

②乙炔发生器的温度不得超过所规定的温度，操作时高低压力不准超过规定的压力。

③乙炔发生器距离明火及焊接工作场所不得少于 10 m。发生器附近禁止吸烟。发生器房间内不应采取明火方法取暖，取暖设备与发生器的距离不得少于 10 m。

④乙炔发生器的安全膜、回火装置、压力表必须齐全、可靠，并应经常检查。

⑤更换电石后，必须先将容器内有空气的乙炔放掉，直到乙炔中空气的含量降至 10%以下。焊接结束时，应将发生器内的电石和电石渣清除。

练习作业

1.简述卷扬机的安全操作要点。

2.简述气焊的安全操作要点。

2.4 常见工种的施工安全技术

2.4.1 砌筑施工的安全技术

①砌筑操作前必须检查操作环境是否符合安全要求,道路是否通畅,机具是否完好、牢固,安全设施和防护用品是否齐全。经检查符合要求后才可施工。

②砌基础时,应检查并随时注意基坑边坡土质的变化情况。堆放砌体材料应离槽(坑)边1 m以上。

③砌墙时,超过一定高度(一般指离地坪1.2 m)就应搭设脚手架。每天的砌筑高度不应超过1.8 m。

④不准站在墙顶上做划线、刮缝、清扫墙面或检查大角垂直等工作。不准用不稳固的工具或物体在脚手板上垫高操作。

⑤砍砖时应面向内侧,注意不要掉砖伤人。垂直传递砖块时,必须仔细、认真,避免漏传砸伤人。

⑥不准勉强在超过胸部以上的墙上进行砌筑,以免造成墙体碰撞倒塌事故。禁止在刚砌好的墙体上走动,防止事故发生。

⑦已砌好的山墙应临时用联系杆或其他有效的加固措施,使其稳固、牢靠。

⑧雨季应注意做好防雨准备,以防雨水冲走砂浆,致使砌体坍塌。

2.4.2 钢筋施工的安全技术

1)钢筋运输与堆放的安全技术

①人力抬运钢筋时,动作要一致,无论是起落、停止,还是在上下坡道或拐弯,都要相互呼应。

②搬运及安装钢筋时,要防止碰触电线,钢筋与高压线路或带电体间的安全距离,应以部颁标准为准。

③机械吊运钢筋时,现场应设专人指挥。

④堆放钢筋及钢筋骨架应下垫楞木,整体平稳。堆放带有弯钩的半成品,最上一层钢筋的弯钩不应朝上。

2)钢筋调直的安全技术

(1)用卷扬机拉直钢筋或钢丝

①操作前必须检查冷拉区内有无障碍物,并检查所用机具及平衡设备。

②冷拉人员应与司机密切配合,并须规定明确信号。在拉伸开始后,操作人员必须站离钢筋两侧2 m以外,禁止在两端停留。两端应设挡护墙。

③张拉小车应加设挡板,操作人员宜站在车后对角线45°处。冷拉区内不准人员穿行。

(2)使用绞磨拉直钢筋的安全技术

①应事先检查地锚牢固程度。

②展直盘条时,应将一头卡住,防止回弹,并预防盘条背扣。

③在剪断钢筋时,须用脚踩住,以免崩人。

④推绞磨时步调要一致,绞磨要有制动措施。

3)钢筋加工成型

①采用人工加工时,首先检查板子卡口是否方正和卡盘是否牢固。操作中,板要放平,靠近板口的人要压住板子,防止滑脱。操作场所的地面要平整,应及时清除积水、积雪及铁丝杂物。

②使用机械加工时,应先检查机械是否完好,机械性能和所弯钢筋的规格是否相符合。运转中操作人员要配合一致,在弯管料时,应随时注意司机的手势。

③在钢筋弯曲半径内一般不准站人,遇有特殊情况需站人方能操作时,开动机器与扶钢筋的操作人员要互相招呼、紧密配合。

4)钢筋绑扎

①在深基础绑扎钢筋时,上下基槽应搭设临时马道,马道上不准堆料。往基坑内传递材料时应明确联系信号,禁止向下投掷。

②绑扎、安装钢筋骨架前应检查模板、支柱以及脚手架的牢固程度。绑扎圈梁、挑檐、外墙等处的钢筋时,应有外脚手架和安全网。

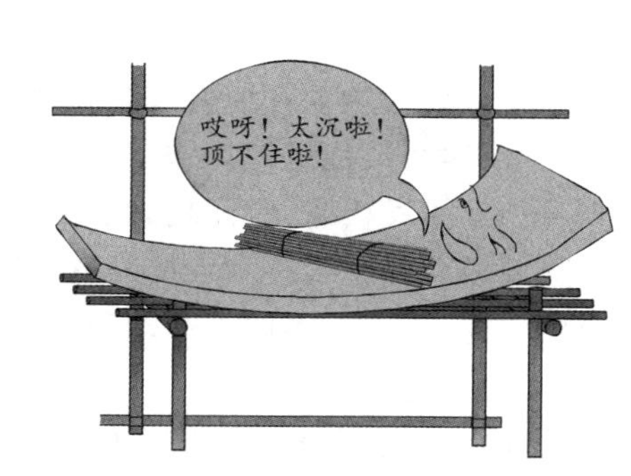

③绑扎柱子或其他构件钢筋高度超过 4 m 时,必须搭设正式操作架子,禁止攀登钢筋骨架进行操作。柱子骨架高度超过 5 m 时,在骨架中间应加设支撑拉杆,确保稳定。

④绑扎 1 m 高度以上的大梁钢筋时,应先立起一面侧模后再绑扎钢筋。

⑤绑扎矩形梁钢筋时,先在上口搭设楞木,绑完后抽出楞木,慢慢落下。在平地上预制骨架,应架设临时支撑,保持稳定。

⑥不准在绑完的平台钢筋上踩踏行走。

⑦利用机械吊装钢筋骨架时,应有专人指挥,骨架下严禁站人。就位人员必须待骨架降到 1 m 以内方可靠近,扶住就位。长梁两端人员应互相联系,落实后方可摘钩。钢筋与带电体及其他建筑物的距离,应符合部颁标准的规定。

练习作业

1.简述砌筑施工的安全技术。

2.简述钢筋施工的安全技术。

2.4.3 支模和拆模的安全技术

①模板不得使用腐朽、劈裂的材料。顶撑要垂直，底端要平稳、坚实，并加垫木，木楔要钉牢，斜拉杆和剪刀撑要绑牢。

②如采用桁架支模，应严格检查，发现严重变形和螺栓松动时应及时修复。

③支模板要按施工顺序进行，模板未固定好时不得进行下道工序。禁止利用拉杆及支撑攀登。

④支设 4 m 以上的立柱模板，四周必须顶牢。操作时要搭设工作台，并设 1 m 以上的护身栏杆，不足 4 m 时可使用马镫操作。

⑤支设独立梁模板时，应设临时工作台，不得站在柱模上操作，不得在梁底模板上行走。

⑥拆除模板应经施工技术人员同意。拆模时应按顺序分段进行，严禁猛撬、硬砸或大面积撬落和拉倒。完工前，不得留下松动和悬挂的模板。拆下来的模板应及时运送到指定地点集中堆放，防止钉子扎脚。

⑦拆除薄腹梁、吊车梁、桁架等预制构件模板时，应随拆随加顶撑支牢，以防止构件倾倒砸人。

⑧大模板存放时，必须将地脚螺栓提上来，使其自稳角度成 70°~80°，下部垫长方木。长期存放的模板，应用拉杆连接绑牢。存放在楼层上时，须在大模板横梁上挂钢丝网或花篮螺栓，钩在楼板吊钩或墙体钢筋上。

⑨没有支撑或自稳角不足的大模板，要存放在专用的堆放架内或者卧倒平放，不得靠在其他模板或构件上。

⑩安装和拆除大模板时，吊车司机与安装人员应经常检查索具，密切配合，做到稳起、稳落、稳就位，防止模板大幅度摆动碰撞其他物件，造成倒塌事故。

⑪大模板安装时，应先里后外对号就位。单面模板就位后，用钢筋三角支架插入板面螺栓孔内支撑牢固。双面模板就位后，用拉杆和螺栓固定，在未就位固定前不得摘钩。

⑫拆大模板时应先拆穿墙螺栓和铁件等，并使模板与墙面脱离，方可慢速起吊。

⑬清扫模板和刷隔离剂时,必须将模板支撑牢固,并留出不少于600 mm的走道。

阅读理解

木构件安装的安全技术

①在坡度大于25°的屋面上操作时,应有防滑梯、护身栏杆等防护设施。

②木屋架应在地面上拼装。必须在上面拼装的应连续进行,中断时应设临时支撑。屋架就位后,应及时安装脊檩、拉杆或临时支撑。吊运材料所用索具必须良好,绑扎牢固。

③在没有望板的屋面上安装石棉瓦时,应在屋架下弦设安全网或其他安全设施,并使用带防滑条的脚手板,钩挂牢固后方可进行操作。禁止在石棉瓦上行走。

④在安装2层以上外墙窗扇时,如外墙无脚手架安全网,则应挂好安全带。安装窗扇中的固定扇时,必须钉牢固。

⑤不准在板条顶棚或隔音板上通行和堆放材料。如必须通行时,应在大楞上铺设脚手板。

⑥钉房檐板时,必须站在脚手架上,禁止在屋面上探身操作。

2.4.4 混凝土施工的安全技术

①用料斗吊运混凝土时,要与信号工密切配合。料斗接近下料位置时,下降速度要慢,须稳住料斗,防止料斗碰人、挤人。

②操作人员振捣混凝土时,须穿绝缘鞋并戴绝缘手套,以防触电事故发生。

③在高处尤其是在外墙边缘操作时,应预先检查防护栏杆是否安全可靠,发现问题应及时处理,必要时应系安全带作业。

④用手推车运输混凝土时,要防止撞人、挤人。平地运输时,两车距离不小于2 m,斜坡上不小于10 m。

⑤在深基槽中打灰土、混凝土时,不得随意去掉土壁的支撑,以防塌方砸人。

⑥在沟槽内回填土、浇筑混凝土时,先要检查槽壁是否有裂缝,发现隐患要及时处理。在基槽下操作的人员,要戴好安全帽。用小车向基槽内卸料时,小车不得撒把,在槽边应加横木板,防止小车滑落砸人。

2.4.5 混凝土泵及泵车使用的安全技术

①混凝土泵应安放在平整、坚实的地面上,周围不得有障碍物。在放下支腿并调整后,应使机身保持水平和稳定,轮胎应楔紧。

②泵送作业中,料斗中的混凝土平面应保持在搅拌轴轴线以上。料斗格网上不得堆满混凝土,应控制供料流量,及时清除超粒径的骨料及异物,不得随意移动格网。

③泵送混凝土应连续作业。当供料中断被迫暂停时,停机时间不得超过30 min。暂停时间内应每隔5~10 min(冬季3~5 min)做2或3个冲程反泵—正泵运动,再次投料泵送前应先将料搅拌。当停泵时间超限时,应排空管道。

④作业后,应将料斗内和管道内的混凝土全部输出,然后对泵机、料斗、管道等进行冲洗。

当用压缩空气冲洗管道时，管道出口端前方 10 m 严禁站人。

⑤泵车就位后，应支起支腿并保持机身的水平和稳定。当用布料杆送料时，机身倾斜度不得大于 3°。

⑥当风力在 6 级及以上时，不得使用布料杆输送混凝土。

2.4.6 油漆涂料施工的安全技术

1）配料的安全技术

①料房内及其附近均不得有火源，并要配备一定的消防设备。

②料房内的稀释剂和易燃涂料必须妥善存放，切勿放在门口和人们经常出入的地方。

③调配好的涂料如放在大口铁桶内时，除在涂料面上盖皮纸外，还须用双层皮纸或塑料布盖住桶口，再用细绳勒紧，以防气体挥发，严禁明放、曝晒。

④浸擦过清油、清漆、桐油等的棉丝、丝团、擦手布，不能随便乱丢，更不能堆在墙角处长期不处理，防止因发热而引起火灾。

2）操作的安全技术

①施工操作人员对所使用涂料的性能及安全措施应有基本的了解，并在操作中严格执行劳动保护制度。

②施工现场要通风良好，操作人员如发现有头晕恶心等症状，应立即离开施工地点，到空气新鲜的地方休息，情况严重者应立即送往医院检查。

③涂料大多是易燃品，故要远离火源。当挥发性气体浓度过高时，绝对禁止吸烟和使用打火机、火柴取火。

④使用机械操作时，事先应检查机械各部位，通过试运转确认完好后，才能正式操作。工作结束后，要将机械清洗干净，妥善保管。

⑤喷涂场地的照明灯，应用玻璃罩保护，防止漆雾沾上灯泡而引起爆炸。

⑥高空作业时，要系好安全带，以防止跌落，脚手板要有足够的宽度，并搭接牢靠。

⑦梯子竖立时，其角度（坡度）不能太大。使用高梯时，必须系好安全绳、安全带，以防滑落。

2.4.7 测量放线的安全技术

①测量工携带仪器进入现场时，禁止跑跳，要注意来往车辆，注意地面是否有尖物，以免扎脚。

②进入工地时，必须戴安全帽。在脚手板上操作时，要时刻注意探头板和钉子。

③在公路和繁华的交通路线上作业时，应尽可能缩短停留时间。必须在道路停车部位作业时，应指派专人担任瞭望工作。

④在生产车间及施工现场测量时，必须注意周围的吊车机械、电气设备，防止事故发生。

⑤雨后在地下部分测量时，必须先检查基坑是否有坍塌的危险。

⑥高空作业时，仪器必须安装在牢固的建筑物或构筑物上，仪器周围的孔洞事先要盖好。

不稳固的地方，禁止放仪器，仪器安放位置的上方不得有人工作。

⑦在高空架子上立标尺，如无跳板时，必须系好安全带，地上工作人员要戴好安全帽。

⑧在高空用线锤吊线时，线锤必须拴牢，下面不得有人，防止坠下砸伤人。

⑨在高空、地面立标尺、花杆及用钢尺丈量尺寸时，必须注意上下左右的电线，防止触电伤人。

⑩高空作业人员必须把衣袖、裤脚扎紧，不得穿硬底鞋。

⑪患有高血压、心脏病、癫痫病、神经衰弱、视力不良者，或饮酒、睡眠不足者，禁止参加高空作业。

⑫冬季施工进入电气加热区域时，要防止钢尺触电，禁止在带电加热的地方作业或行走。

练习作业

1.简述模板施工的安全技术。
2.简述混凝土施工的安全技术。
3.简述油漆涂料施工的安全技术。
4.简述测量放线的安全技术。

2.5 分项工程施工的安全防护技术

2.5.1 土方工程施工的安全防护技术

在建筑工程施工中，土方工程受自然条件影响很大，常会遇到地层土质的变化，雨水及地下水的侵蚀，因此需要降水和打桩作业。在施工条件恶劣时，可变因素较多，稍有不慎，极易产生塌方事故，必须引起高度重视。

①土方开挖前要做好排水处理，防止地表水、施工用水和生活废水渗入施工现场或冲刷边坡，从而影响边坡的稳定。下大雨时，应暂停土方施工。

②挖土方应从上而下逐层挖掘，2 人操作间距应大于 2.5 m。严禁采用掏挖的操作方法。

③开挖坑槽时，若深度超过 1.5 m，应根据土质和深度情况，按规定放坡或增加可靠支撑，并设置人员的上下坡道或爬梯。开挖深度超过 2 m 时，必须在其边沿设立 2 道 1.2 m 高的护身栏杆。在危险处，夜间应设红色标志灯。

④挖土时要随时注意土壁的变动情况，如发现有裂纹或部分塌落现象，要及时采取相应的措施进行加固处理。夜间操作时，施工现场应有足够的照明。

⑤坑槽边 1 m 以内不得堆土、堆料、停置机具。坑槽边与建筑物、构筑物的距离不得小于 1.5 m。特殊情况下，必须采取有效的技术措施，并报上级安全技术部门审查同意后方可施工。

⑥坑槽开挖深度超过 3 m 并用吊车吊运弃土时，起吊设备距坑槽边距离一般不得小于 1.5 m，坑槽内操作人员在起吊时应离开吊点正下方。

2.5.2 桩基工程的安全防护技术

①打桩前，对于临近施工范围的危险房屋，必须经过检查并采取有效措施进行加固。机具进场经过危桥、陡坡、陷地时，要注意平稳，行驶中要防止碰撞电杆、房尾，以免造成事故。安设机架应铺垫平稳，架设牢固。

②司机在施工操作时，要集中精力，不可随便离开岗位。应经常注意机械的运转情况，发现问题及异常情况要及时加以排除和处理。打桩时，桩头垫料严禁用手拨正，不要在桩锤未打到桩顶即起锤或过早刹车，以免损坏桩机设备。

③已钻成的灌注桩孔在浇灌混凝土前，必须用盖板封严，以免落土和发生人员坠落事故。

④冲抓锤或冲孔锤操作时，不准任何人进入落锤危险区以内，以防砸伤。

⑤成孔钻机操作时，注意钻机安定平稳，以防止钻架突然倾倒或钻具突然下落而发生事故。

⑥爆扩桩包扎炸药包时，不要用牙去咬雷管和电线。遇雷雨时不要包炸药包。检查雷管和已经包扎的炸药包引线时，应做好安全防护。引爆时要划定警戒区（一般不小于 20 m），并有专人警戒。使用的炸药雷管应当日领用，并须专人保管，剩余的炸药雷管应当日退还入库，分别存放。

⑦人工挖大孔径桩时，现场施工人员必须戴好安全帽。井下作业人员连续工作时间不宜超过 4 h，并应按规定时间轮换。井下人员工作时，井上的配合人员不得擅离职守。孔口边 1 m范围内不得有杂物，堆土应在孔口边 1.5 m 以外。井孔上下应设可靠的通话联络装置。施工前必须制订防止坠人、落物，防坍塌、防人员窒息等安全措施，并将责任落实到人。

⑧多桩开挖时，应采用间隔挖孔方法，以减少水的渗透和防止土体滑移。

⑨已扩底的桩孔，要尽快浇灌桩身混凝土。若不能很快浇灌的桩孔，应暂不扩底，以防塌方。

⑩参加挖孔的作业人员，事先必须检查身体，凡患精神病、高血压、心脏病、癫痫病及聋哑人等均不能参加施工。

2.5.3 结构安装工程的安全防护技术

1)操作人员要求

①从事安装工作的人员,要经过体格检查,患有心脏病或高血压者不能从事高空作业。要遵守施工现场纪律,不准酒后作业。新工人须经过岗前培训方可参加施工。

②操作人员进入现场时,必须戴好安全帽、手套,高空作业时必须系好安全带,检查应携带的工具是否全部放入工具袋中。

③电焊工在高空作业时,除系好安全带外,还应戴好防护面罩,在潮湿地带作业时须穿绝缘鞋。

④在高空安装构件并用撬杠校正构件的位置时,必须防止因撬杠滑脱而引起高空坠落。撬构件时可借助其他已固定的设备或构件来保持身体的稳定。撬杠插入的深度要适宜,如果撬动的距离较大,则应一步一步地撬,切不可操之过急,以免发生事故。

⑤在冬季或雨季施工,因为构件上有积雪或雨水,必须采取防滑措施。

⑥登高用的梯子必须牢靠,梯子与地面的夹角一般以65°~70°为宜。

⑦结构安装时,要听从统一指挥。

2)起重机械与索具要求

①吊装所用的钢丝绳,事先必须认真检查,表面磨损或腐蚀达到钢丝绳直径的10%时,不准使用。

②吊钩和吊环如出现永久变形或裂纹时,不能使用。

③起重机的行驶道路必须坚实可靠。如地面为松软土层时,要进行压实处理,必要时还须铺设道木。

④履带式起重机必须带负荷行走时,重物应在履带的正前方,并用绳索牵住构件,缓慢行驶,构件离地面不得超过500 mm。起重机在接近满刹时,不得同时进行两种操作动作。

⑤起重机工作时,起重臂、钢丝绳、重物等要与架空电线保持安全距离(按部颁标准),以防碰触高压架空电线。

⑥起吊构件时,升降吊钩要平稳,避免紧急制动而发生冲击。

⑦起重机停止工作时,启动装置要关闭上锁,吊钩必须升高,防止摆动伤人。

3)吊装作业要求

①运输钢筋混凝土构件时,混凝土强度不应低于设计规定,也不得低于设计标号的70%,以防构件在运输中遭到破坏。

②运输大型构件时,为保证安全,应根据构件尺寸采用运输架装运。

③构件的堆放应按施工组织设计中的有关平面布置图进行,地面必须夯实,并铺上道木或垫木。重叠的构件之间应放垫木,上下层垫木应在同一直线上,以免构件产生剪切破坏。较薄的构件两边必须撑牢或绑于柱边。构件重叠堆放不能太高,一般梁可堆放2或3层,屋面板堆6~8层。

④构件捆绑必须牢固可靠,易绑、易拆。高空吊装构件时不能使用吊钩,必须使用卡环,并

在构件上绑扎溜绳，以控制构件的平衡。

⑤为保证吊装过程中构件的稳定，凡设计上有支撑和连接构件的，必须随吊装进度一并安装牢固或施焊连接，使之成为一个整体，以保证结构的稳定。

⑥如使用钢楔不能保证吊装柱子的稳定时，应采取揽风绳或加斜撑等措施。屋架吊装前，应在柱间搭设作业台，其宽度不得小于600 mm，两侧要绑护身栏，架设要牢固。为保证操作人员上下安全，应配备放靠式和悬挂式梯子，上端必须用绳子与固定构件绑牢。

⑦吊装作业中，有些部位无法挂安全带等进行防护时，则应设安全绳。如施工人员需在屋架上弦行走，则应在上弦设置安全绳，行走时将安全带挂在安全绳上。在行车梁和边系梁上操作时，应在梁上 1 m 处柱间拴安全绳，以作安全扶手用。

⑧塔式起重机在吊装作业中，如遇下列情况之一应立即停止作业：

a.因构件质量估算不准而超载；

b.夜间施工照明不良；

c.指挥信号不清；

d.吊埋于土中或与冻土黏结质量不明的构件；

e.斜拉斜吊（即构件不在吊钩的正下方，起重绳不与地面垂直）；

f.吊大型墙板等构件或大灰斗等不使用横吊梁和卡环；

g.吊棱刃物时绑扎绳索不加衬垫；

h.吊罐体时罐内盛装液体过满；

i.机械故障；

j.6 级以上大风、雷雨等恶劣天气。

⑨自行式起重机在作业中应严格按以下规定操作：

a.起重机的起重量、工作幅度和工作回转范围应严格按照起重机的性能和使用说明书进行操作，严禁超载、斜吊。

b.起重机起吊较重的物体时，应先吊离地面 200~500 mm，检查并确定起重机的稳定性和制动可靠性，绑扎牢固后才能正式起吊。

c.汽车式和轮胎式起重机在作业中，如发现机身倾斜、支腿变形、下陷或脱离地面等不正常现象时，应立即放下重物，空载调整正常后才能继续作业。

d.起重机作业时，吊臂下严禁站人。汽车式起重机作业时，下部汽车驾驶室内不得有人。

e.轮胎式起重机在带负荷行走时，道路必须平整、坚实，负荷必须符合起重性能规定，吊物离地不得超过 500 mm，并用拉绳拴住缓慢行驶，严禁长距离带负荷行驶。

f.双机抬吊时，要根据起重机的起重能力进行合理的负荷分配，质量不得超过两台起重机所允许起重量总和的 75%，每台起重机分别负担的负荷不得超过该机允许荷载的 80%。在起重过程中，两台起重机的吊钩和滑轮组均应基本保持垂直状态。

g.起重机在工作中，各种安全装置、报警系统必须保证灵敏可靠，严禁在关闭状态下进行工作。

h.指挥人员应使用统一信号，信号必须鲜明、准确。

i.绑扎构件的吊索要经过安全计算和检查，绑扎方法应正确牢固。

j.遇 6 级以上大风应停止作业。

2.5.4 设备、管道安装工程施工安全防护技术

设备、管道安装工程施工，除应参照前面有关章节的规定执行以外，还应注意以下几点：

①架设高空管道时，必须有可靠的安全保护，并按需要搭设脚手架或设置水平安全网。

②修理地下管道时，应对有毒、有害、易燃介质的管道检查井和管沟内的气体进行检查，特别对死角处，一定要抽样检查，如超过允许浓度，则应采取通风措施，经再次检测合格后，方可操作。操作人员必须戴好个人防护用具。

③在带高压电和有毒介质的环境下作业时，应设专人监护。从事有铅毒的作业时，要采取通风、排毒措施。

2.5.5 屋面防水层施工安全防护技术

以沥青、油毡为材料的屋面施工是高空、高温、有毒作业，故应特别注意以下安全事项：

1）沥青熬制的安全技术要求

沥青是易燃、有毒物质，在熬制过程中要遵守以下规定：

①操作人员不得赤脚或穿短袖衣服，裤脚、袖口应扎紧，须戴口罩、手套，身体的各部位均不得直接接触沥青。患有皮肤病、支气管炎、结核病、眼病以及对沥青过敏者，均不得参加沥青的熬制作业。

②熬油锅必须离建筑物 10 m 以上，离易燃仓库 25 m 以上，上空不得有电缆，并应设在建筑物的下风处。

③熬油锅四周不得有漏缝，锅口稍高，炉口应砌 700 mm 高的隔火墙，四周严禁放置易燃易爆物品。锅内不得有水，沥青的含水量也不能过大。现场应准备好灭火器材，万一着火，应用锅盖隔绝火源，再用灭火器灭火，严禁浇水灭火。

2）沥青施工的安全技术要求

屋面沥青、油毡施工时，应注意以下几点：

①施工人员不得穿带钉子的鞋，檐口无女儿墙时，应设安全网或防护架，必要时佩戴安全带。

②沥青、防水涂料、防水剂、堵漏材料等，有的有毒且易引起火灾，因此，施工现场附近不得堆放此类易燃品，并配备防火器材。施工中必须严格遵守操作规程。

③操作人员要戴口罩、手套、鞋盖等防护用品。

④盛沥青的铁桶、油壶要用咬口，不得用锡焊缝，以防受热开裂。桶宜加盖，装盛量为桶高的 2/3，以免沥青溢出，造成烫伤。

⑤沥青运输要安全可靠，不准 2 人抬热沥青，油桶要放平稳，洒油时注意力要集中，均匀、平稳地浇油。施工时，如发生恶心、头晕、刺激、过敏等情况，应立即停止操作，并做好必要的检查和治疗。

高处作业分级

[参照《高处作业分级》(GB/T 3608—2008)]

1.范围

本标准规定了高处作业的术语和定义、高度计算方法及分级。

本标准适用于各种高处作业。

2.基本定义

◆高处作业:在距坠落高度基准 2 m 或 2 m 以上有可能坠落的高处进行的作业。

◆坠落高度基准面:通过可能坠落范围内最低处的水平面。

◆可能坠落范围:以作业位置中心,可能坠落范围半径为半径划成的与水平面垂直的柱形空间。

◆可能坠落范围半径 R:为确定可能坠落范围而规定的相对于作业位置的一段水平距离,单位为 m。其大小取决于与作业现场的地形、地势或建筑物分布等有关的基础高度,具体的规定是在统计分析了许多高处坠落事故案例的基础上作出的。

R 根据 h_b 规定如下:

- 当 $2\ m \leqslant h_b \leqslant 5\ m$ 时,R 为 3 m;
- 当 $5\ m < h_b \leqslant 15\ m$ 时,R 为 4 m;
- 当 $15\ m < h_b \leqslant 30\ m$ 时,R 为 5 m;
- 当 $h_b > 30\ m$ 时,R 为 6 m。

◆基础高度 h_b:以作业位置为中心,6 m 为半径,划出的垂直于水平面的柱形空间内的最低处与作业位置间的高度差,单位为 m。

◆[高处]作业高度 h_w:作业区各作业位置至相应坠落高度基准面的垂直距离中的最大值,单位为 m。高处作业高度的计算方法见《高处作业分级》(GB/T 3608—2008)。

3.高处作业分级

高处作业高度分为 2 m 至 5 m、5 m 以上至 15 m、15 m 以上至 30 m 及 30 m 以上 4 个区段。

直接引起坠落的客观危险因素分为 11 种:

- 阵风风力五级(风速 8.0 m/s)以上;
- 平均气温等于或低于 5 ℃的作业环境;
- 接触冷水温度等于或低于 12 ℃的作业;
- 作业场地有冰、雪、霜、水、油等易滑物;
- 作业场所光线不足,能见度差;
- 作业活动范围与危险电压带电体的距离小于表 2.4 的规定;

表 2.4　作业活动范围与危险电压带电体的距离

危险电压带电体的电压等级/kV	距离/m
≤10	1.7
35	2.0
63~110	2.5
220	4.0
330	5.0
500	6.0

- 摆动，立足处不是平面或只有很小的平面，即任一边小于 500 mm 的矩形平面、直径小于 500 mm 的圆形平面或具有类似尺寸的其他形状的平面，致使作业者无法维持正常姿势；
- 存在有毒气体或空气中含氧量低于 0.195 的作业环境；
- 可能会引起各种灾害事故的作业环境和抢救突然发生的各种灾害事故；
- 相关规范规定的Ⅱ级或Ⅱ级以上的高温作业；
- 相关规范规定的Ⅲ级或Ⅲ级以上的体力劳动强度。

不存在上述列出的任一种客观危险因素的高处作业按表 2.5 规定的 A 类法分级，存在上述列出的一种或一种以上客观危险因素的高处作业按表 2.5 规定的 B 类法分级。

表 2.5　高处作业分级

分类法	高处作业高度/m			
	$2 \leqslant h_w \leqslant 5$	$5 < h_w \leqslant 18$	$15 < h_w \leqslant 30$	$h_w > 30$
A	Ⅰ	Ⅱ	Ⅲ	Ⅳ
B	Ⅱ	Ⅲ	Ⅳ	Ⅳ

练习作业

1.简述土方工程施工的安全防护技术。

2.简述桩基工程施工的安全防护技术。

3.简述结构安装工程施工的安全防护技术。

4.简述屋面防水层施工时应注意的安全事项。

2.6 工地防火

问题引入

在生活和生产过程中，凡是超过一定范围并给人类带来损失的燃烧称为火灾。自从人类发现了取火和用火的方法以来，燃烧在生产和生活中一直被广泛地应用着。可以说离开了火，就没有现代文明。但火一直具有巨大破坏力，一旦失去控制，就会酿成灾害。那么，怎么防范火灾呢？施工现场如何进行现场防火管理？下面，我们就来学习工地防火的基本知识。

2.6.1 火灾特点及防范的基本技术措施

1）火灾的特点

- 严重性
- 突发性
- 复杂性

防止火灾是目前建筑施工现场的一项十分重要的工作。尽管火灾危害很大，但只要认真研究火灾发生的规律，采取相应的有效措施，建筑施工中的火灾还是可以预防的。

2）防止火灾的基本技术措施

- 控制火源
- 控制可燃物

2.6.2 现场防火管理

①施工现场的消防安全管理由施工单位负责，建设单位应做好监督工作。

②施工现场应根据工程规模配备消防干部和义务消防员，重点工程和规模较大工程的施工现场应组织义务消防队。

③施工单位须在开工前的15日内将施工组织计划、施工现场防火安全措施和消防保卫方案报消防监督机关审批或备案。

④施工现场要有明显的防火宣传标志，每月应对职工进行一次防火教育，并定期组织防火工作检查，建立防火工作档案。

⑤施工现场必须设置消防车道，其宽度不得小于3.5 m，消防车道不能环行时，应在适当地点修建车辆回转场地。

⑥施工现场要配备足够的消防器材，并做到布局合理，经常维护、保养。冬季应采取防冻措施，保证消防器材灵敏、有效。消防器材不能任意挪用。8层以上、20层以下的高层建筑工

程施工，每层至少设两个灭火器，并不得堆放易燃、易爆物品；20 层以上的高层建筑施工，应设防火专用的高压水泵，每层楼面应设消火栓，配备消防水龙带。

⑦施工现场的进水干管，直径不得小于 100 mm。消火栓处昼夜有明显标志，并配备足够的水龙带，周围 3 m 内不准存放任何物品。

⑧高度超过 24 m 的在建工程，应设置消防竖管，管径不得小于 65 mm，并随楼层的增高，每隔一层设一处消防栓口，配备水龙带。

⑨在建工程不准作为仓库或居住使用。

⑩施工现场严禁吸烟，必要时可设有防火措施的吸烟室。

⑪坚持防火安全交底制度。

⑫冬季施工时，保温材料的存放和使用必须采取防火措施。

⑬施工现场应明确划分用火作业区、易燃和可燃材料场、仓库区、易燃废品临时集中站和生活区等区域。各类建筑物、仓库、露天堆场等的防火安全距离见表 2.6。

表 2.6　施工现场主要临时用房、临时设施的防火间距　　单位：m

名　称	办公用房、宿舍	发电机房、变配电房	可燃材料库房	厨房操作间、锅炉房	可燃材料堆场及其加工场	固定动火作业场	易燃易爆危险品库房
办公用房、宿舍	4	4	5	5	7	7	10
发电机房、变配电房	4	4	5	5	7	7	10
可燃材料库房	5	5	5	5	7	7	10

续表

名　称	办公用房、宿舍	发电机房、变配电房	可燃材料库房	厨房操作间、锅炉房	可燃材料堆场及其加工场	固定动火作业场	易燃易爆危险品库房
厨房操作间、锅炉房	5	5	5	5	7	7	10
可燃材料堆场及其加工场	7	7	7	7	7	10	10
固定动火作业场	7	7	7	7	10	10	12
易燃易爆危险品库房	10	10	10	10	10	12	12

注:①临时用房、临时设施的防火间距应按临时用房外墙外边线或堆场、作业场、作业棚边线间的最小距离计算,当临时用房外墙有突出可燃构件时,应从其突出可燃构件的外缘算起;
②两栋临时用房相邻较高一面的外墙为防火墙时,防火间距不限;
③本表未规定的,可按同等火灾危险性的临时用房、临时设施的防火间距确定。

2.6.3 防电气火灾

1)电气火灾的原因

①电气线路超过负荷引起火灾。

②线路短路引起火灾。

③接触电阻过大引起火灾。

④变压器、电动机等设备运行故障引起火灾。

⑤电热设备、照明灯具使用不当引起火灾。

2)电气火灾的扑灭

①扑灭电气火灾时,首先应切断电源,及时用适合的灭火器材灭火。

②扑灭充油电气设备火灾时,应采用干燥的黄砂覆盖住火焰,使火熄灭。

③扑灭电气火灾时,应使用绝缘性能好的灭火剂,如干粉灭火剂、二氧化碳灭火剂、1211灭火剂等。严禁用可导电的灭火剂进行喷射灭火,如喷射水流和泡沫灭火剂等。

2.6.4 仓库的防火要求

①施工材料的存放和保管应符合防火安全要求,库房应使用非燃烧材料搭建,易燃易爆物品应专库储存,分类单独存放,保持通风。

②在仓库内作业的电瓶车、叉车要有防止打火的安全装置。化学危险品在搬运中要防止震动、撞击、重压、摩擦和倒置,不得在库内从事分装作业。

③严格电源管理。库内一般不宜安装电气设备,确需安装时,应经有关部门批准,由专业电工进行安装。

④严格火源管理。库房内不得用明火取暖,在库房内确实需要安装火炉取暖的,要经有关部门批准,严格控制火炉数量,由专人负责管理。库房内严禁吸烟、用火。基建、维修用火时,

必须办理用火手续,防火措施要严密。

⑤库房内的消防水源、灭火器材要有专人负责管理,定期检查维护,确保其完整好用。

火灾的分类

根据《生产安全事故报告和调查处理条例》(国务院令493号,自2007年6月1日起施行)规定,火灾等级标准分为4个等级。

◆特别重大事故:造成30人以上死亡,或者100人以上重伤(包括急性工业中毒,下同),或者1亿元以上直接经济损失的事故。

◆重大事故:造成10人以上30人以下死亡,或者50人以上100人以下重伤,或者5 000万元以上1亿元以下直接经济损失的事故。

◆较大事故:造成3人以上10人以下死亡,或者10人以上50以下重伤,或者1 000万元以上5 000万元以下直接经济损失的事故。

◆一般事故:造成3人以下死亡,或者10人以下重伤,或者1 000万元以下直接经济损失的事故。

注:"以上"包括本数,"以下"不包括本数。

《火灾分类》(GB/T 4968—2008)规定的6类火灾如下:

◆A类火灾:指固体物质火灾。这种物质通常具有有机物性质,一般在燃烧时能发生灼热的余烬,如木材、煤炭、棉毛织物、工地的固体建筑材料等引起的火灾。

◆B类火灾:指液体或可熔化的固体物质火灾。如汽油、煤油、柴油等矿物油类,以及醇类、脂类、松香、沥青、石蜡等引起的火灾。

◆C类火灾:指气体火灾。如煤气、天然气、氢气、甲烷、乙烷、丙烷等引起的火灾。

◆D类火灾:指金属火灾。如钾、钠、镁等引起的火灾。

◆E类火灾:指带电火灾。物体带电燃烧的火灾。

◆F类火灾:指烹饪器具内的熟饪物(如动植物油脂)火灾。

练习作业

1.施工现场如何进行防火管理?

2.如何加强仓库的防火?

学习鉴定

1.填空题

(1)建筑施工的伤亡事故主要有＿＿＿＿＿、＿＿＿＿＿、＿＿＿＿＿、＿＿＿＿＿4个类别。

(2)结构施工用的内、外承重脚手架，使用负荷不得超过＿＿＿＿ kN/m^2；装修施工用的内、外脚手架，使用负荷不得超过＿＿＿＿ kN/m^2。

(3)一般在砌筑用脚手架操作层上，只准侧放＿＿＿＿层砖。外脚手架的搭设一般应配合结构的施工进度等步距进行，步距以脚手架比施工层高出＿＿＿＿层为宜，以保证安全。

(4)脚手架拐角处及一字形或非封闭的脚手架两端应增设连墙件，连墙件的竖向间距不宜大于＿＿＿＿m。连墙件宜靠近门架的横梁设置，距横梁不宜大于＿＿＿＿mm。

(5)脚手架设于坑边或台上时，立杆距坑、台的上边缘不得小于＿＿＿＿m，且边坡的坡度不得大于土的自然安息角，否则，应做边坡的保护和加固处理。脚手架的立杆之下必须设置＿＿＿＿。

(6)脚手板在长度方向采用平接时，其相接端头必须顶紧，其端部下的小横杆应固定牢靠，小横杆中心到板端的距离应取＿＿＿＿mm。

(7)脚手板在长度方向采用搭接时，搭接长度不得小于＿＿＿＿mm，其下的小横杆距搭接长度的中间或距下板端头应不小于＿＿＿＿mm，其始末端也必须拴接牢固。

(8)在脚手架转角处，脚手板应交叉(重叠)搭设。作业层端部脚手板伸出横向水平杆长度不应大于＿＿＿＿mm，并应与支承杆绑扎连接。

(9)脚手板应铺满、铺稳，离开墙面＿＿＿＿mm。

(10)脚手架立杆纵向间距不得大于＿＿＿＿m，大横杆上下间距不得大于＿＿＿＿m，小横杆间距不得大于＿＿＿＿m。

(11)垂直运输架首层进料处必须搭设宽度不小于＿＿＿＿m、高度不低于＿＿＿＿m的防护棚。高度超过30 m，还须搭设＿＿＿＿防护栏。其他三面应设＿＿＿＿，禁止人员通行。

(12)砌基础时，应随时注意基坑边坡土质的变化情况。堆放砖材料应离槽(坑)边＿＿＿m以上。

(13)用手推车运输混凝土时，要防止撞人、挤人。平地运输时，两车距离不小于＿＿＿m，斜坡上不小于＿＿＿m。

(14)挖土方应从上而下逐层挖掘，2人操作间距应大于＿＿＿m。严禁采用掏挖的操作方法。

2.选择题

(1)吊篮的负载不得超过1 176 N/m^2，一般只能一人上去操作，吊篮升降时不得超过(　　)人。

A.1　　B.2　　C.3　　D.4

(2)乙炔发生器距离明火及焊接工作场所不得少于(　　)m。发生器附近禁止吸烟。

A.10　　B.12　　C.11　　D.9

(3)垂直运输架的任一点与架空输电线路或带电设备的水平或垂直距离均不小于(　　)m。

A.3　　B.2　　C.4　　D.1

(4)开挖坑槽时,当深度超过 1.5 m,应根据土质和深度情况,按规定放坡或增加可靠支撑,并设置人员的上下坡道或爬梯。开挖深度超过(　　)m 时,必须在其边沿设立两道1.2 m高的护身栏杆。在危险处,夜间应设(　　)标志灯。

A.3　　B.2　　C.红色　　D.蓝色

(5)吊装所用的钢丝绳,事先必须认真地检查,表面磨损或腐蚀达到钢丝绳直径的(　　)时,不准使用。如发现钢丝绳断丝数目超过规定,不得使用,应予报废。

A.10%　　B.20%　　C.30%　　D.50%

(6)运输钢筋混凝土构件时,混凝土强度不应低于设计规定,也不得低于设计标号的(　　),以防构件在运输中遭到破坏。

A.40%　　B.70%　　C.100%　　D.50%

(7)施工单位须在开工前的 15 日内将施工组织计划、施工现场防火安全措施和消防保卫方案报消防监督机关审批或备案。重点工程、重要工程和建筑面积为(　　)以上的大型工程,应制订消防工作预案。

A.10 000 mm^2　　B.1 000 mm^2　　C.8 000 mm^2　　D.5 000 mm^2

(8)施工现场必须设置消防车道,其宽度不得小于(　　),消防车道不能环行,应在适当地点修建回转车辆场地。

A.2.5 m　　B.3.5 m　　C.4.5 m　　D.5.5 m

3.问答题

(1)搭设和拆除脚手架时,有哪些安全防护要求?

(2)脚手架的作业面外侧应采用哪些防护设施?

(3)拆脚手架时,应符合哪些规定?

(4)“四口”和“五临边”分别指的是什么?

(5)龙门架升降机一般应有哪些安全防护装置?

4.看图思考

下列图中有哪些属于不安全的行为?怎样改正?

看图思考(1)

看图思考(2)

看图思考(3)

教学评估

教学评估表见本书附录。

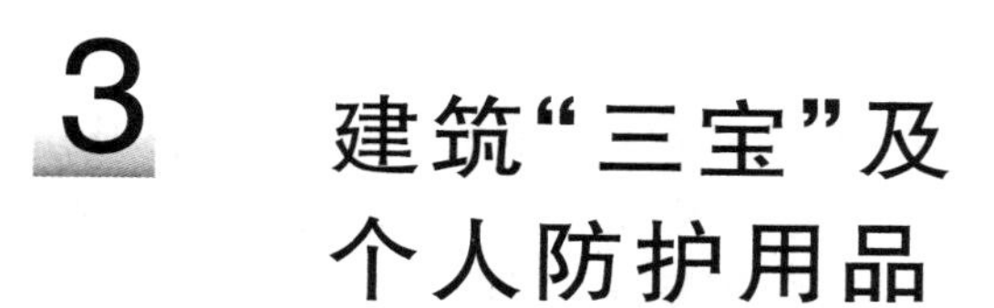

3 建筑“三宝”及个人防护用品

本章内容简介

安全网的构造与要求

安全网的使用与搭设

安全带的构造、要求与使用

安全帽的要求与使用

其他的个人安全防护用品

本章教学目标

能鉴别安全网的性能、可用度并辨别搭设的正确性

能判别安全带、安全帽的可用度并正确穿戴安全带、安全帽

能正确选用其他的安全防护用品

问题引入

建筑行业是安全事故高发行业。所有安全事故的发生，看似偶然，但都有其必然的原因。安全事故的发生是可以避免的，除了掌握好第2章讲述的各工种、各分部分项工程的安全防护技术外，还必须高度重视建筑“三宝”的使用。那么，什么是建筑“三宝”？它们的作用又是什么呢？

建筑“三宝”是指建筑施工防护使用的安全网、个人防护用的安全带和安全帽。

安全网是用来防止人、物坠落，或用来避免、减轻坠落及物击伤害的网具。正确使用安全网，可以有效地避免高空坠落、物体打击事故的发生。

建筑工地请架设安全网

安全带是高处作业工人预防坠落伤害的防护用品。坚持正确使用安全带，是减少建筑施工伤亡事故的有效措施。

高空作业请系安全带

安全帽主要用来保护使用者的头部，减轻撞击伤害，以保证进入建筑施工现场人员的安全。

进入建筑工地请戴好安全帽

3.1 安全网

3.1.1 安全网的构造、分类与技术要求

1）安全网的构造

安全网是用于防止人、物坠落，或用于避免、减轻坠落及物击伤害的网具。安全网一般由网体、边绳、系绳、筋绳、试验绳等组成，如图3.1所示。

安全网的网体是由纤维绳或线编结成的具有菱形或方形网目的网状体；边绳是沿网体边缘与网体连接的绳；系绳是把安全网固定在支撑物上的绳；筋绳是为增加安全网强度而有规则地穿在网体上的绳。

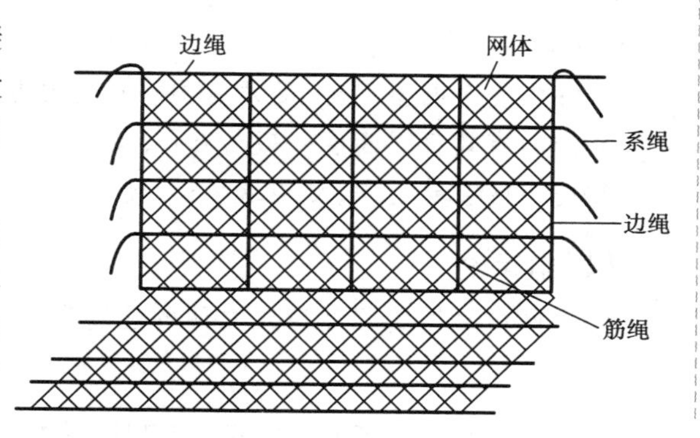

图3.1 安全网的构造

2）安全网的分类

（1）根据功能分类

• 安全平网（P） 网的安装平面不垂直于水平面，用于防止人、物坠落，或用来避免、减轻坠落及物击伤害的安全网，简称平网，如P—3×6。一般颜色为白色的网格式安全网。

• 安全立网（L） 网的安装平面垂直于水平面，用于防止人、物坠落，或用来避免、减轻坠落及物击伤害的安全网，简称为立网，如L— 4×6。一般颜色为绿色的密目式安全网。

• 密目式安全立网　网眼孔径不大于 12 mm，垂直于水平面安装，用于阻挡人员、视线、自然风、飞测及失控小物体的网，简称密目网，如 ML-1.8×A 级。密目网一般由网体、开眼环扣、边绳和附加系绳组成。

(2) 根据制作材料分类

安全网绳的材料多为锦纶、涤纶、维纶、尼龙等，因此可分为锦纶、涤纶、维纶、尼龙等安全网。氯纶、丙纶网因强度低，只能作立网，不能作平网。

平(立)网的技术要求

①平网的宽度不应小于 3 m，立网的宽(高)度不应小于 1.2 m，单张平(立)网的质量不宜超过 15 kg。

②平(立)网上所用的网绳、边绳、系绳、筋绳均应由不小于 3 股单绳制成。绳头部分应经过编花、燎烫等处理，不应散开。

③平(立)网的网目形状应为菱形或方形，其网目边长不应大于 80 mm。

④平(立)网上的所有节点应固定。

⑤边绳与网体应牢固连接，其直径至少为网绳直径的 3 倍，并不得小于 7 mm。平网边绳断裂强力不得低于 7 000 N，立网边绳断裂强力不得低于 3 000 N。系绳的直径和断裂强力与边绳相同。

⑥网绳的直径和断裂强力应根据安全网的材料、结构形式、网口大小等因素合理选用，其断裂强力平网不得低于 3 000 N，立网不得低于 2 000 N。

⑦筋绳分布必须合理，相邻两根筋绳的距离不应小于 300 mm。每根筋绳的断裂强力不得低于 3 000 N。安全网上的所有绳结或节点必须固定。

⑧每张安全网出厂时，必须有国家指定的监督检验部门批准验证和工厂检验合格证。

⑨网的有效负载高度一般为 6 m，最大不超过 10 m。

⑩安全网在储运中，必须通风、避光、隔热，同时要避免化学品的侵蚀。

小组讨论

安全网中平网的强度应比立网的强度高吗？为什么？

3.1.2　安全网的使用规则和搭设方法

1) 使用规则

①新网必须有产品质量检验合格证，旧网必须有允许使用的证明书或合格的检查记录。

②安装时，在每个系结点上，边绳应与支撑物(架)靠紧，并用一根独立的系绳连接，其距离不得大于 750 mm。系结点应符合打结方便、连接牢固且容易解开，受力后又不会散脱的原则。有筋绳的安全网在安装时，必须把筋绳连接在支撑物(架)上。

③多张网连接使用时，相邻部分应靠紧或重叠，并用连接绳将相邻两张网连接，连接绳的

材料与网相同,其强度不得低于网绳强度。

④安装平网时,除按上述要求外,还要遵守搭设安全网的“三要素”,即:负载高度、网的宽度、缓冲距离的有关规定。

- 网的负载高度一般不超过 6 m,最大不超过 10 m,并必须附加钢丝绳缓冲措施。
- 网的宽度 C 根据作业区各作业位置至坠落基准面之间的垂直距离中的最大值 H 确定,具体见表 3.1。平网安装示意图,如图 3.2 所示。
- 缓冲距离 S 指网底距下方物体表面的垂直距离,其规定见表 3.2。

表 3.1 安全网的宽度与垂直距离的关系

垂直距离 H/m	≤5	5~25	≥25
网的宽度 C/m	2.5	3.0	6.0

表 3.2 安全网的缓冲距离与网宽关系

网的宽度 C/m	3	6
缓冲距离 S/m	≥3	≥5

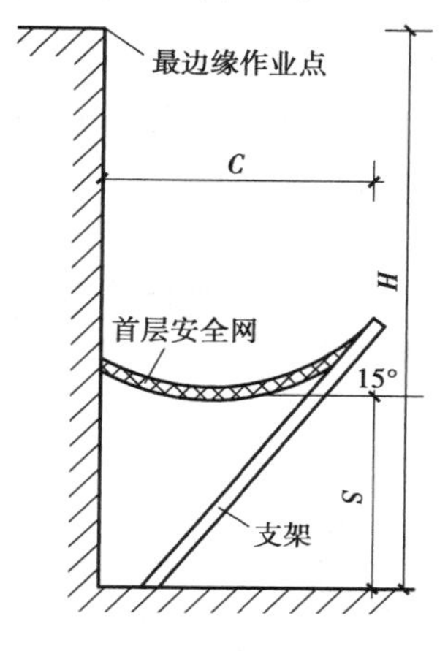

图 3.2 平网安装示意图

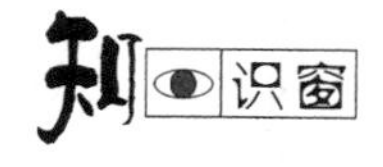

1.《北京市建设工程施工现场安全防护基本标准》规定:无外脚手架或采用单排外脚手架、工具式脚手架时,凡高度在 4 m 以上的建筑物,首层四周必须搭设 3 m 宽的水平安全网;高度在 20 m 以上的建筑物应搭设 6 m 宽的双层网,并且每隔 4 层还应搭设一道 3 m 宽的水平安全网。

2.请阅读《安全网》(GB 5725—2009)。

⑤安装立网时,除必须满足上述①,②,③要求外,安装平面还应与水平面垂直,立网底部必须与脚手架全部封严。

⑥保证安全网受力均匀。必须经常清理网上落物,网内不得有积物。

⑦安全网安装后,必须设专人检查验收,确认合格并签字后方能使用。

⑧拆除安全网必须在有经验人员的严格监督下进行。拆网应自上而下进行,同时采取防坠落措施。

⑨施工中的电梯井、采光井、螺旋式电梯口,除必须设防护门(栏)外,还应在井口内首层搭设安全网,并每隔 4 层固定一道安全网。烟囱、水塔等独立体构筑物施工时,要在里、外脚手架的外围搭设一道 6 m 宽的双层安全网,并在井内设一道安全网。

小组讨论

搭设安全网时应注意哪些问题?检查安全网时应重点检查哪些内容?

2)水平网的搭设方法

建筑工程施工中,根据作业环境和作业高度,水平安全网分为首层网、层面网和随层网3种,各种水平网的搭设方法如下:

(1)首层网的搭设

首层水平网是施工时在房屋外围地面以上搭设的第一层安全网。

- 作用　防止人、物坠落。
- 搭设条件　高度在4 m以上的建筑物,首层四周必须搭设3 m宽的水平安全网。
- 搭设方法　如图3.3(a)所示,网的一边与外脚手架连在一起,固定平网的挑架应与外脚手架连接牢固,挑架的斜杆应埋入土中500 mm。平网应外高里低,一般以15°为宜,网不宜绷挂,应用钢丝绳与挑架绷挂牢固。高度超过20 m的高层建筑应搭设宽度为6 m的首层水平网。高层建筑外无脚手架时,可以直接在结构外墙搭网架,网架的立杆必须埋入土中500 mm或下垫50 mm厚的木地板,如图3.3(b)所示。立杆与立杆的纵向间距不大于2 m。挑网架端用钢丝绳(直径不少于12.5 mm)将网绷挂牢。

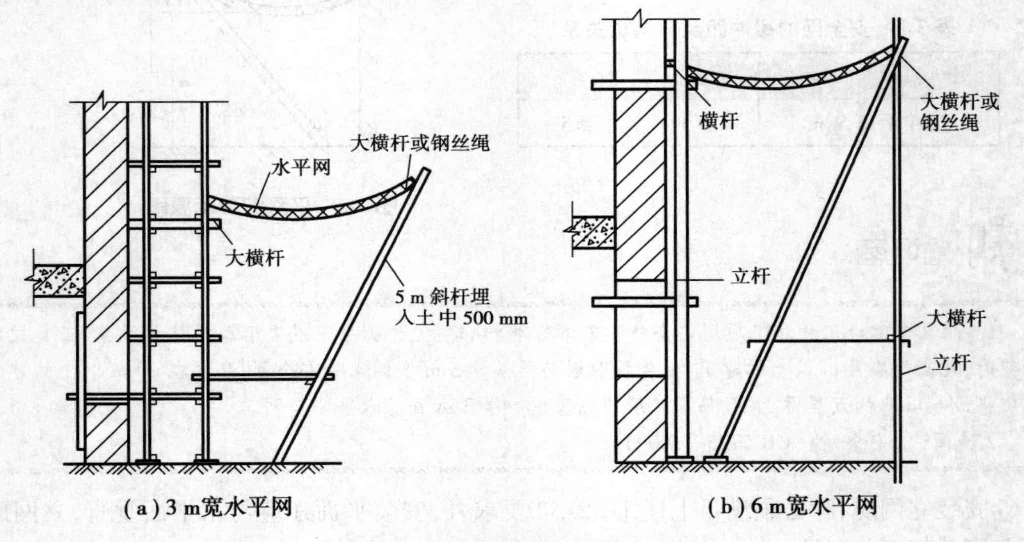

图3.3　首层水平网搭设示意图

- 技术要求

①坚固可靠,立杆受力后不变形。

②网底和网周围空间不准有脚手架,以免人坠落时碰到钢管。

③水平网下面不准堆放建筑材料,保证有足够的空间。

④网的接口处必须连接严密,与建筑物之间的缝隙不大于100 mm。

(2)层面网的搭设

- 搭设条件　高层建筑除搭设首层安全网外,每隔4层还应搭设一道3 m宽的水平网。层面网的搭设可在结构墙上预留孔洞,固定大横杆,也可以利用窗洞来支撑斜杆和固定大横杆。网的外缘一般用普通的钢丝绳与网架绷挂。在建筑物的转角处,如有固定直杆的地方,就用2根直杆连接支撑水平安全网,没有固定直杆的地方,可以用抱角架支撑,如图3.4所示。这种抱角架,通常在地面组装好,然后用塔吊吊至需要安装的地方固定。

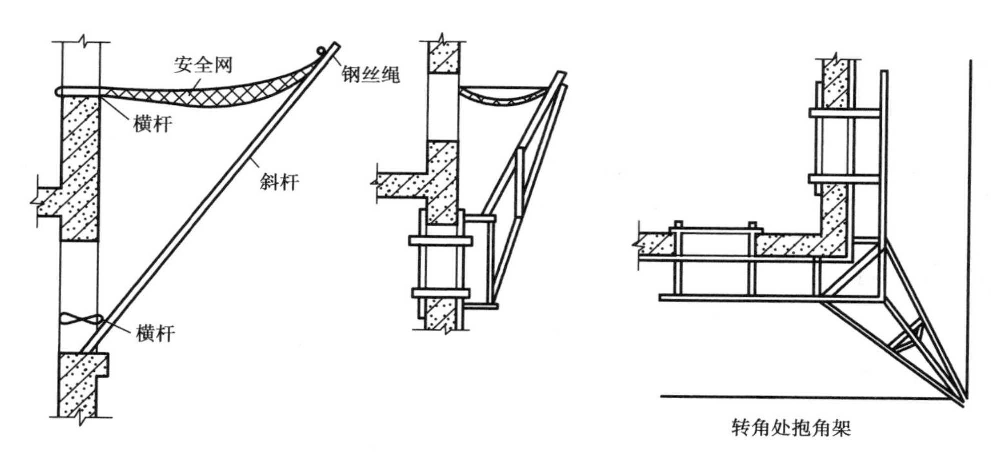

图 3.4　层面网搭设示意图

● 特别提示　搭设高层安全网比较困难和危险，一定要选派有经验的架子工，人在吊篮内由塔吊吊至工作面进行搭设和安装。

(3)随层网的搭设

随层网是在作业层下一步架搭设的水平安全网，它随作业层的上升而上升，其作用是防止人员堕落。搭设方法同层面网。

作业面还应随层搭设立网，立网的底部必须与脚手架全部封严，以防施工杂物坠落伤人。

1.在建筑工地分小组练习首层网、层面网、随层网以及立网的搭设。

2.将全班同学分为4个小组，分别由4位教师带到不同的工地，参观了解和检查工地安全网的搭设情况，并根据检查的实际情况，写出检查报告。假如你是工地的安全员，请写出整改方案或建议。表3.3所示为检查报告表。

表 3.3　检查报告表

报告人姓名 ______________________

报告日期 ______________________

检查的工作区域 ______________________

检查结果记录					
检查项目	合　格	不合格	检查项目	合　格	不合格
网体牢固			立网的搭设		
平网搭设牢固			是否戴安全帽		
平网间的间距			是否系安全带		
首层网的搭设			是否设置临边作业标志		
层面网的搭设			安全责任制的落实情况		
检查人：			记录人：		

知识窗

安全网的力学性能试验,请参阅国家标准《安全网》(GB 5725—2009)。

练习作业

1.搭设安全平网的三要素是什么?
2.首层网、层面网和随层网的搭设方法是什么?

3.2 个人防护用品

问题引入

一个在4层楼高处贴外墙砖的工人,在施工中,当他在挪动工作面时,不小心在脚手板上滑了一跤,幸好他系有安全带,且牢固,系戴正确,一场安全事故才得以避免。那么,安全带有什么作用?如何正确使用安全带?有哪些使用要求呢?

3.2.1 安全带

国家规定2 m以上的高空作业或悬空作业必须使用安全带。安全带必须经过静态负荷试验和冲击试验合格以后方可使用。

1)安全带的构造与类型

(1)安全带的组成

安全带由腰带、安全绳和金属配件等组成。

(2)安全带的类型

①围杆作业安全带:适用于电工、电信工、园林工等在围杆上作业。

②悬挂作业安全带:适用于建筑、修船、安装等作业。建筑工程工地常用的安全带有:J,XY-架子工Ⅰ型悬挂单腰带式安全带(如图3.5所示)和J,XY-架子工Ⅱ型悬挂单腰带式安全

带，如图 3.6 所示。

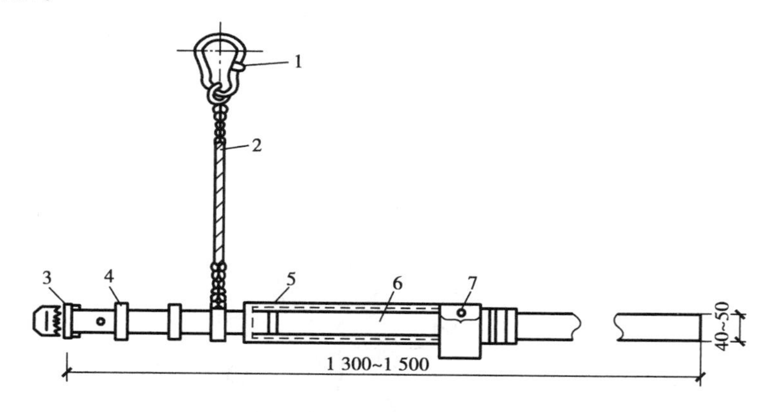

图 3.5 Ⅰ型悬挂单腰带式安全带构造示意图

1—大挂钩；2—安全绳；3—腰带卡子；4—箍；5—护腰带；6—腰带；7—袋

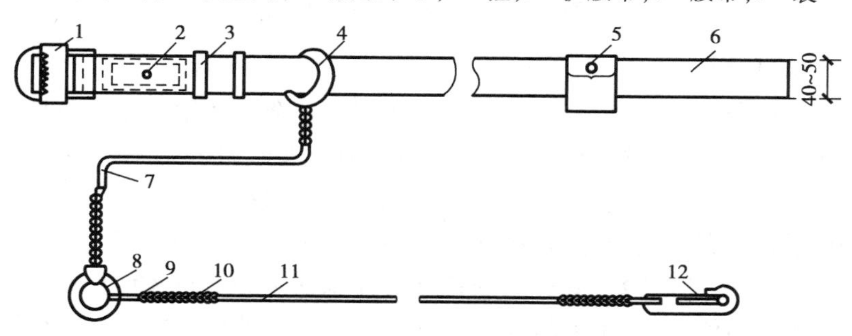

图 3.6 Ⅱ型悬挂单腰带式安全带构造示意图

1—腰带卡子；2—铆钉；3—箍；4—绳套；5—袋；

6—腰带；7—绳；8—圆环；9～11—绳；12—钩

2）安全带的检验

安全带检验按国家标准《安全带测试方法》（GB 6096—2009）的规定进行。对安全带的配件和整体均应进行静态负荷和冲击试验。

（1）静态负荷试验

取样、试件尺寸和实验设备按国家标准 GB 6096—2009 的规定执行。架子工安全带的破断负荷的指标，见表 3.4。

表 3.4 架子工安全带的破断负荷指标

项　目	指　标	项　目	指　标
腰　带	14 710 N	安全绳	14 710 N
护腰带	9 807 N	腰带卡子	9 807 N
大安全钩	9 807 N	圆环	11 768 N
小安全钩	11 768 N		

注：经试验达不到上述标准，不能使用。

(2)冲击试验

悬挂和攀登用的安全带按不同绳长做冲击试验。拴挂 100 kg 的模拟人,自由坠落,部件应无破断、裂纹和脱钩情况出现。安全带的冲击试验如图 3.7 所示。

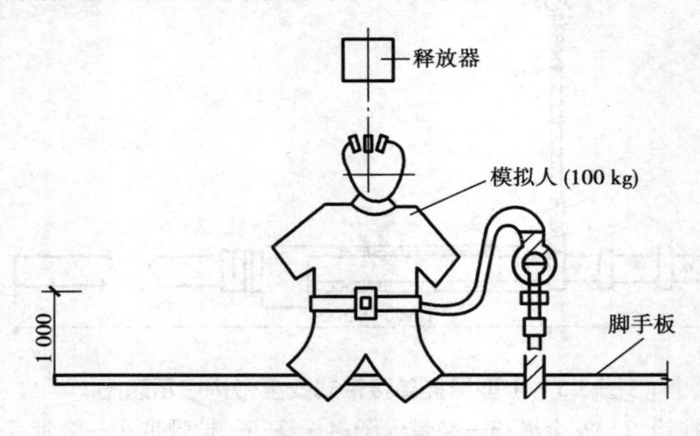

图 3.7　安全带冲击试验方法

3)安全带的使用要求

①安全带必须有产品检验合格证,否则不得使用。安全带使用 2 年后应抽检 1 次,若冲击试验合格,则该批安全带可以继续使用,否则不能使用。安全带的使用期为 3~5 年。对使用频繁的安全带,要经常做外观检查,发现异常情况应提前报废。

②安全带使用时应高挂低用,防止摆动和碰撞。若安全带低挂高用,一旦发生坠落,将增加其冲击力,从而增加坠落危险。安全绳的长度宜控制在 1.2~2 m,使用 3 m 以上的长绳应加缓冲器。不准将绳打结使用,也不准将钩直接挂在安全绳上使用,挂钩应挂在连接环上。安全带上的各种部件不得任意拆掉。

请正确系安全带

安全带拴系练习

2人结为一组,一人练习安全带的拴系,另一人观察,同时记录对方在拴系过程中的错误之处并指出,然后交换角色。最后将2人所出的错误汇总,向全班讲述和展示。

3.2.2 安全帽

问题引入

2019年8月的一天,某建筑工地的一个木工因天气炎热,在戴着的草帽上再戴安全帽。当他正在楼板上收捡拆下的模板时,从上面掉下来几块砖头,刚好砸在了他的头上。由于安全帽戴在草帽上,安全帽的下颏带没有系好,当第一块砖头砸在安全帽上时,安全帽滑掉,接下来的几块砖头就直接砸在了草帽上,将草帽砸穿并砸破了头。该木工当场昏迷,造成了严重的工伤事故。同学们,这起工伤事故是否可以避免?它给我们什么警示?

1)安全帽的构造

安全帽的国家标准是GB 2811—2019。安全帽由帽壳、帽衬、帽箍、下颏带等部分组成,如图3.8所示。

图3.8 安全帽

2)安全帽的主要规格和技术要求

(1)佩戴高度

按照《安全帽测试方法标准》(GB/T 2812—2006)规定的方法测量,佩戴高度应≥80 mm。

(2)垂直间距

按照《安全帽测试方法标准》(GB/T 2812—2006)规定的方法测量,垂直间距应≤50 mm。

(3)水平间距

按照《安全帽测试方法标准》(GB/T 2812—2006)规定的方法测量,水平间距应≥6 mm。

(4)冲击吸收性能

按照《安全帽测试方法标准》(GB/T 2812—2006)规定的方法测试,经高温(50 ℃±2 ℃)、低温(−10 ℃±2 ℃)、浸水(水温20 ℃±2 ℃)、紫外线照射预处理后做冲击测试,传递到头模的力不应大于4 900 N,帽壳不得有碎片脱落。

(5)耐穿刺性能

按照《安全帽测试方法标准》(GB/T 2812—2006)规定的方法测试,经高温(50 ℃±2 ℃)、低温(-10 ℃±2 ℃)、浸水(水温 20 ℃±2 ℃)、紫外线照射预处理后做穿刺测试,钢锥不得接触头模表面,帽壳不得有碎片脱落。

3)安全帽的分类、标记和标识

安全帽按性能分为普通型(P)和特殊型(T)。普通型安全帽是用于一般作业场所,具备基本防护性能的安全帽产品;特殊型安全帽是除具备基本防护性能外,还具有一项或多项特殊性能的安全帽产品,适用于与其性能相应的特殊作业场所。

带有电绝缘性能的特殊性能安全帽按耐受电压大小分为 G 级和 E 级,G 级点绝缘测试电压为 2 200 V,E 级点绝缘测试电压为 20 000 V。

安全帽的分类标记由产品名称、性能标记组成,分类标记见表 3.5,按表中从上至下的顺序选择相应性能进行标记。

表 3.5 安全帽的分类标记

<table>
<tr><th>产品类别</th><th>符 号</th><th>特殊性能分类</th><th colspan="2">性能标记</th><th>备 注</th></tr>
<tr><td>普通型</td><td>P</td><td>—</td><td colspan="2">—</td><td>—</td></tr>
<tr><td rowspan="8">特殊型</td><td rowspan="8">T</td><td>阻燃</td><td colspan="2">Z</td><td>—</td></tr>
<tr><td>侧向刚性</td><td colspan="2">LD</td><td>—</td></tr>
<tr><td>耐低温</td><td colspan="2">-30 ℃</td><td>—</td></tr>
<tr><td>耐极高温</td><td colspan="2">+150 ℃</td><td>—</td></tr>
<tr><td rowspan="2">电绝缘</td><td rowspan="2">J</td><td>G</td><td>测试电压 2 200 V</td></tr>
<tr><td>E</td><td>测试电压 20 000 V</td></tr>
<tr><td>防静电</td><td colspan="2">A</td><td>—</td></tr>
<tr><td>耐熔融金属飞溅</td><td colspan="2">MM</td><td>—</td></tr>
</table>

注:示例 1:普通型安全帽标记为:安全帽(P);

示例 2:具备侧向刚性、耐低温性能的安全帽标记为:安全帽(TLD-30 ℃);

示例 3:具备侧向刚性、耐极高温性能、电绝缘性能,测试电压为 20 000 V 的安全帽标记为:安全帽(TLD+150 ℃JE)。

安全帽的标识由永久标识和制造商提供信息组成。永久标识是指位于产品主体内测,并在产品整个生命周期内一直保持清晰可见的标识,至少应包括以下内容:

①本标准编号;

②制造厂名;

③生产日期(年、月);

④产品名称(有生产厂命名);

⑤产品的强制报废期限等。

4)安全帽的使用

大量的事实证明,正确戴好安全帽可以有效地降低施工现场的事故发生频率。正确戴安全帽的方法是:

①不同的角色应选择不同颜色的安全帽,一般安全帽的颜色有白色、红色、黄色、蓝色等。其中,白色安全帽是施工现场监理和其他外来人员佩戴的,红色安全帽是施工现场管理人员戴的,黄色、蓝色安全帽是现场施工一线操作工人戴的。

②帽衬顶端与帽壳内顶面必须保持 25~50 mm 的空间。有了这个空间,才能有效地吸收冲击能量,使冲击力分布在头盖骨的整个面积上,减轻对头部的伤害。

③必须系好下颏带,戴紧安全帽。

④安全帽必须戴正。

⑤安全帽要定期检查。

⑥安全帽在经受严重冲击后,即使没有明显损坏,也必须更换。

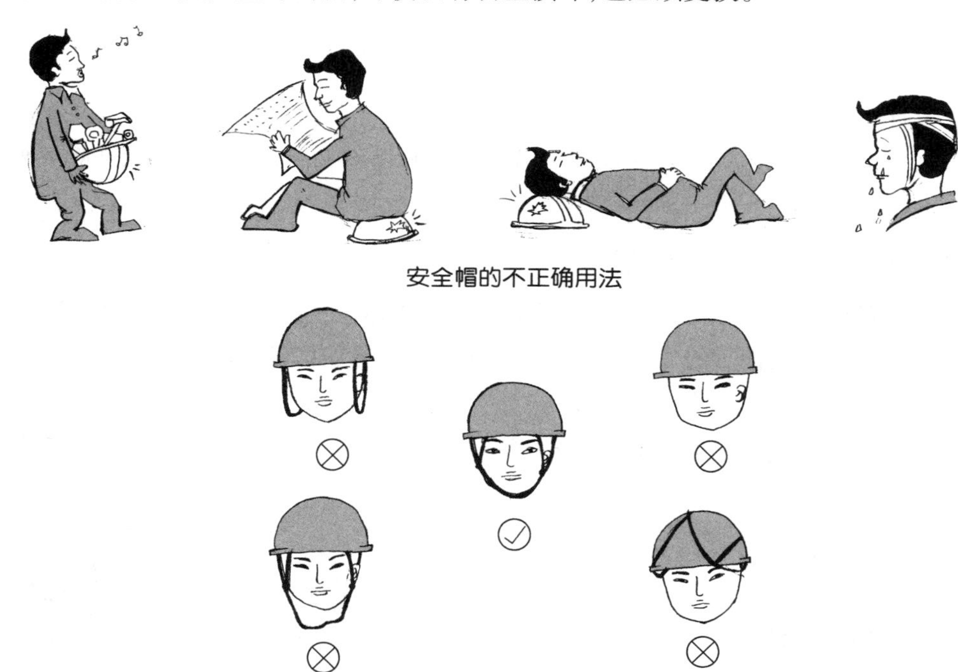

安全帽的不正确用法

请正确佩戴安全帽

提问回答

怎样选择适合自己佩戴的安全帽?

练习正确佩戴安全帽

1.每2人为一组,一人练习安全帽的佩戴,另一人观察,同时记录对方在佩戴过程中的错误之处并指出,然后交换角色。最后将2人所出的错误汇总,向全班讲述和展示。

2.3人一组,利用周末时间到建筑工地参观,调查了解安全帽的佩戴情况。

小组讨论

如果你是一名工人,应怎样做到随时戴好安全帽?如果你是一名施工管理人员,又应该怎样做?

提问回答

1.没有内衬的安全帽是否能戴?

2.进入施工大门内就必须戴安全帽,不管你是否到施工操作现场。这种说法正确吗?

3.2.3 其他个人防护用品

以保护为目的的劳动保护用品可以分为两类:保护人体免受急性伤害而使用的保护用品;保护人体免受慢性伤害而使用的保护用品。这些防护用品除前面已讲的安全带、安全帽外,还有以下个人防护用品:

1)防止眼睛和面部伤害的护目镜、防护面罩

(1)护目镜的分类

- 防打击的护目镜
- 防辐射的护目镜
- 防有害液体的护目镜
- 防灰尘、烟雾、有害气体的护目镜

(2)防护面罩的分类

- 防打击的面罩
- 防腐蚀的面罩
- 防尘雾的面罩
- 防毒气的面罩
- 防辐射的面罩

施工现场请佩戴防护面罩

建筑工地从事焊接作业的电焊工、气焊工使用的护目镜和面罩,可按国家现行标准《职业眼面部防护 焊接防护 第1部分:焊接防护具》(GB/T 3609.1—2008)要求进行选择和

使用。

2）绝缘手套和绝缘鞋

为了防止触电，在电气作业和操作手持电动工具时，必须戴橡胶手套或穿戴胶底的绝缘鞋。橡胶手套和胶底鞋的绝缘厚度应根据电压的高低来选择。

3）防尘的自吸过滤式口罩

防尘的自吸过滤式口罩在建筑工地某些工种经常使用，它主要是用各种过滤材料制作，过滤被灰尘、有害物质污染了的空气，使之净化。

提问回答

在潮湿环境中作业，应穿戴哪些个人防护用品？

练习作业

1. 安全带有哪些使用要求？
2. 如何正确佩戴安全帽？
3. 常见的个人安全防护用品有哪些？

学习鉴定

1.填空题

(1)建筑中所说的“三宝”是指________、________、________。

(2)安全网分为平网和________两种,其中平网又分为________、________、________。

(3)安全带的使用年限一般为________。

(4)安全绳的长度控制在________,如使用3 m以上的长绳应加________。

(5)安全帽的主要技术性能包括________________和________________。

2.判断题

(1)夏天可以将安全帽戴在草帽上,这样可以防暑。 (　　)

(2)每一顶安全帽上都应有许可证编号。 (　　)

(3)安全带必须有产品检验合格证,否则不得使用。 (　　)

(4)安全绳可以将钩直接挂在安全绳上使用。 (　　)

(5)电梯井、采光井应在井口内首层,并每隔4层搭设一道安全网。 (　　)

(6)现场搅拌混凝土,上料的工人必须带防尘口罩。 (　　)

(7)安全平网的外口应高于里口。 (　　)

(8)安全网搭设的“三要素”是指负载高度、网的宽度、网的间距。 (　　)

(9)凡高度在4 m以上的建筑物,首层四周必须搭设3 m宽的水平安全网。 (　　)

(10)电气作业和操作手持电动工具时,必须戴橡胶手套或穿胶底的绝缘鞋。 (　　)

3.简答题

(1)安全网搭设的要领是什么?

(2)你怎样选择适合自己佩戴的安全帽?

(3)你知道在什么情况下需要系安全带吗？你会系吗？请简述。

(4)某施工工地，由于气候炎热，许多建筑工人在施工时都不戴安全帽。如果你是该工地的管理人员，应采取哪些措施来改变这种现状？

(5)观察下面两幅漫画，它给我们什么启示？

这么多人，就你怕死（漫画）李肖扬 作

教学评估表见本书附录。

4 施工现场临时用电的安全防护

本章内容简介

施工现场临时用电原则及用电管理

外电防护与接地接零保护

配电系统

现场照明与防雷

本章教学目标

掌握现场临时用电原则

熟悉施工现场临时用电管理

能正确检查、判断施工现场临时用电的规范性

能正确设置避雷装置

问题引入

触电是施工现场次于高空坠落的又一大伤亡事故。随着各种电气装置和施工机械设备的不断增多,加之施工现场环境复杂,使得施工现场临时用电的安全性尤为重要,因此,必须采取可靠有效的安全技术与管理措施,以确保安全。那么,如何正确用电才能避免伤害呢?下面,我们就来学习施工现场临时用电的安全防护。

4.1 施工现场用电管理

4.1.1 施工现场临时用电原则

1)TN-S 接零保护原则

TN-S 系统是指电气设备的工作零线(N)与保护零线(PE)分开,采用具有专用保护零线的保护系统。《施工现场临时用电安全技术规范》(JGJ 46—2005)规定:在施工现场专用的中性点直接接地的电力线路中必须采用 TN-S 系统。

2)"三级配电两级漏电保护"原则

①三级配电:指施工现场从电源进线开始至用电设备中间应经过三级配电装置配送电力,即总配电箱—分配电箱—开关箱。

②两级漏电保护:是指总配电箱和所有开关箱中必须装设漏电开关。

3)"一机、一闸、一漏、一箱"原则

①一机、一闸:是指一台用电设备必须有自己专用的控制开关。

②一漏:是指一台用电设备必须有一个漏电保护器。

③一箱:是指一台用电设备必须有自己专用开关箱。

4.1.2 临时用电管理

1)临时用电施工组织设计

①确定电源进线、变电所、配电室、总配电箱、分配电箱的位置及线路走向。

②进行负荷设计。

③选择变电器容量、导线截面、电器的类型和规格。

④绘制电气平面图、立面图和接线系统图。

⑤制订安全用电技术和电气防护措施。

2)临时用电的档案管理

①临时用电施工组织设计的全部资料。
②技术交底资料。
③安全验收和检查资料。
④电工维修记录。

3)临时用电的人员管理

(1)对现场电工的要求

现场电工必须经过培训,经有关管理部门考核合格后,方能上岗。

(2)对各类用电人员的要求

①具备安全用电的基本知识并掌握所用设备的性能。
②使用设备前必须穿戴相应的劳保用品。
③使用设备前检查设备的完好性。
④停用的设备必须拉闸断电并锁好开关箱。

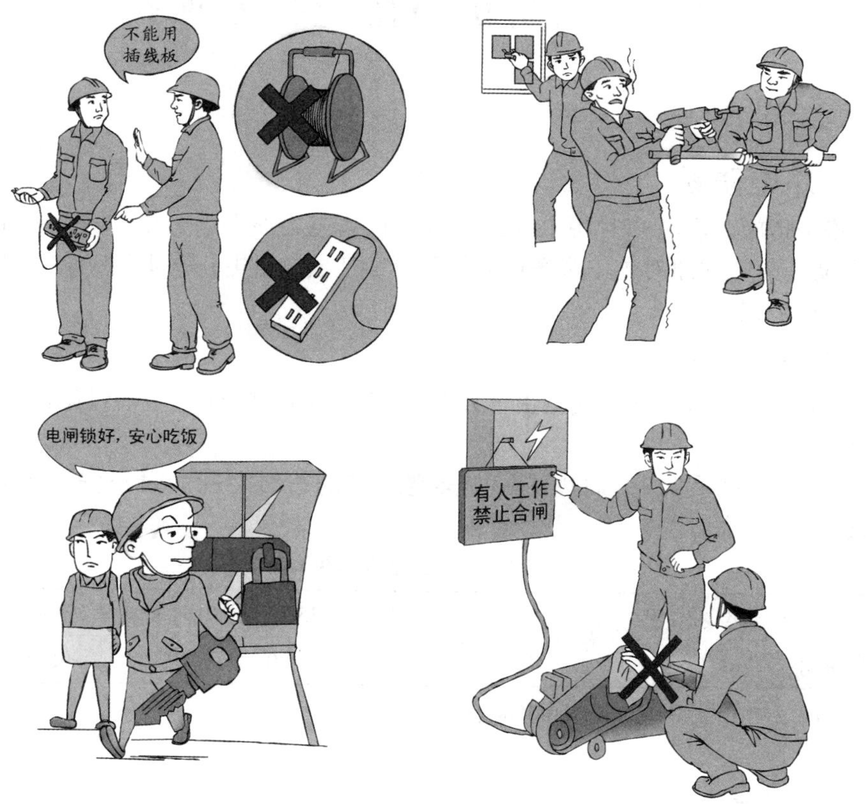

活动建议

3人一组,到建筑施工现场调查用电情况,并写出书面报告。

练习作业

1."三级配电两级漏电保护"是什么含义?

2."一机、一闸、一漏、一箱"是什么含义?

3.对临时用电的人员有哪些要求?

4.2 外电防护与接地接零保护

4.2.1 外电防护

外电线路是指施工现场临时用电线路以外的任何电力线路。外电线路防护简称外电防护,是指为了防止外电线路对施工现场作业人员可能造成的触电伤害事故,施工现场必须采取相应的外电防护措施。

1)保证安全操作距离

①在建工程不得在外电架空线路正下方施工、搭设作业棚、建造生活设施或堆放构件、架具、材料及其他杂物。

②在建工程(含脚手架)的周边与外电架空线路的边线之间的最小安全距离应不小于表4.1所列数值。

表4.1 最小安全操作距离

外电线路电压/kV	<1	1~10	35~110	154~220	330~500
最小安全操作距离/m	4.0	6.0	8.0	10.0	15.0

注:上、下脚手架的斜道严禁搭设在有外电线路的一侧。

2)架设安全防护设施

架设安全防护设施是一种绝缘隔离防护措施,即采用木、竹或其他绝缘材料增设屏障、遮栏、围栏、保护网等,以便与外电线路实现强制性绝缘隔离。必须在隔离处悬挂醒目的警告标志牌。

特殊情况下无法采用防护措施时,应与有关管理部门协商,采取停电、迁移外电线路或改

变工程位置等措施。

4.2.2 接地

1)接地与接地装置

● 接地　接地是指电气设备用接地线与接地体连接。

● 接地体　接地体是指埋入地中并直接与大地接触的金属体。

● 自然接地体　自然接地体是指施工前已埋入地中，兼作接地体用的直接与大地接触的各种金属构件、金属井管、钢筋混凝土建(构)筑物的基础、金属管道和设备等。

● 接地线　接地线是指连接设备金属结构和接地体的金属导体的金属导体(包括连接螺栓)。

● 接地装置　接地装置是指接地体和接地线的总和。

2)接地分类

● 工作接地　在电力系统中，因运行需要的接地(如中性点接地等)称为工作接地。

● 保护接地　因漏电保护需要，将电气设备正常情况下不带电的金属外壳和机械设备的金属构架(件)接地，称为保护接地。

● 重复接地　在中性点直接接地的电力系统中，为了保证接地的作用和效果，除在中性点处直接接地外，中性线上的一处或多处再做接触，称为重复接地。

● 防雷接地　防雷装置(避雷针、避雷器等)的接地称为防雷接地。作防雷接地的电气设备，必须同时做重复接地。

4.2.3 零线

1)零线

与变压器直接接地的中性点连接的导线称为零线。

2)零线的分类

● 工作零线　电气设备因运行需要而引接的零线称为工作零线。

● 专用保护零线　专用保护零线指由工作接地线或配电室的零线或第一级漏电保护器电源侧的零线引出，专门用以连接电气设备正常不带电导电部分的导线。

4.2.4 接零

1)接零

电气设备与零线连接称为接零。

2)接零的分类

● 工作接零　电气设备因运行需要而与工作零线连接称为工作接零。

● 保护接零　电气设备正常情况不带电的金属外壳和机械设备的金属构架与保护零线连接，称为保护接零或接零保护。

4.2.5 接地与接零保护系统

1)接地保护系统

接地保护系统是指将电气设备的金属外壳接地的保护系统。

2)三相五线接零保护系统(TN-S 系统)

当施工现场与外电线路共用同一个供电系统时,电气设备应根据当地的要求做保护接零或保护接地,不得一部分设备做保护接零,另一部分设备做保护接地。保护零线(PE)的设置要求如下:

①保护零线除了从工作接地线(变压器),总配电箱电源侧零线或总漏电保护器电源侧零线处引出外,在任何地方不得与工作零线有电气连接。

②保护零线上不得装设开关或熔断器。

③保护零线作为接零保护的专用线,必须单独敷设,不作它用。

④保护零线必须用五芯电缆。

⑤保护零线的截面积不小于工作零线的截面积,同时必须满足机械强度的要求。保护零线架空敷设的间距大于 12 m 时,保护零线必须选择截面不小于 10 mm^2 的绝缘铜线或截面不小于 16 mm^2 的绝缘铝线。与电气设备相连接的保护零线应为截面不小于 2.5 mm^2 的绝缘多股铜线。

⑥保护零线的统一标志为黄/绿双色线,在任何情况下不能将黄/绿双色线作负荷线使用,在架空线中的排列一定要按标准进行。

⑦重复接地线应与保护零线相连接。

⑧保护零线除必须在配电室或总配电箱处重复接地外,还必须在配电线路的中间处及末端处做重复接地。

练习作业

1.何为外电防护?

2.外电架设安全防护措施有哪些?

3.何为接地、接地体、自然接地体、接地线?

4.何为工作接地、保护接地、重复接地、防雷接地?

4.3 配电系统

4.3.1 配电线路

1)配电线的选择

(1)架空线的选择

架空线的选择主要是选择架空线路导线的种类和导线的截面,而选择依据主要是线路敷设的要求和线路负荷的大小。

架空线必须采用绝缘铜线或绝缘铝线。架空线的绝缘色标准是:当考虑架空线相序排列时,L1(A相)——黄色,L2(B相)——绿色,L3(C相)——红色,N线——淡蓝色,PE线——绿/黄双色。

架空线导线截面应满足下列要求:

①导线中的负荷电流不大于其允许载流量。

②线路末端电压偏移不大于额定电压的5%。

③单相线路的零线截面与相线截面相同,三相四线制的工作零线和保护零线截面不小于相线截面的50%。

④为满足机械强度要求,绝缘铝线截面不小于16 mm^2,绝缘铜线截面不小于10 mm^2。

⑤跨越铁路、公路、河流、电力线路档距内,绝缘铝线截面不小于25 mm^2,绝缘铜线截面不小于16 mm^2。

(2)电缆的选择

电缆的选择主要是选择电缆的类型、截面和芯线配置,其选择依据主要是线路敷设的要求和线路的负荷电流。

根据基本供配电系统的要求,电缆中必须包含线路工作时所需要的全部工作芯线和PE线。特别需要指出的是,需要三相四线制配电的线路,电缆必须采用五芯电缆,而采用四芯电缆外加一条绝缘线等配置方法都是不规范的。

五芯电缆中,除包含三条相线外,还必须包含用作N线的淡蓝色芯线和用作PE线的绿/黄双色芯线。其中,N线和PE线的绝缘色规定,同样适用于四芯、三芯等电缆。五芯电缆中相线的绝缘色则一般由墨、棕、白三色中的两种搭配。

(3)室内配线的选择

室内配线必须采用绝缘导线或电缆。

(4)配电母线的选择

由于施工现场配电母线常常采用裸扁铜板或裸扁铝板制成的所谓裸母线,因此,安装时必须用绝缘子支撑固定在配电柜上,以保持对地绝缘和电磁(力)的稳定性。

2)配电线的敷设

(1)架空线路的敷设

架空线路的组成一般包括4部分,即电杆、横担、绝缘子和绝缘导线。若采用绝缘横担,则架空线路可由电杆、绝缘横担、绝缘线3部分组成。

架空线相序排列顺序

动力、照明在同一横担上架设时,面向负荷从左侧起为 L_1,N,L_2,L_3,PE。动力、照明在两个横担上分别架设时,上层横担;面向负荷从左侧起为 L_1,L_2,L_3;下层横担,面向负荷从左侧起为 L_1,(L_2,L_3),N,PE。在两个横担上架设时,最下层横担面向负荷,最右边的导线为保护零线(PE)。

架空线路的敷设应符合下列规定:

①架空线必须设在专用电杆上,宜采用混凝土杆或木杆。混凝土杆不得有露筋、环向裂纹和扭曲;木杆不得腐朽,其梢径不小于130 mm。

②电杆埋深为杆长的1/10加0.6 m,但在松软土质处应适当加大埋设深度或采用卡盘等加固。

③架空线路的档距不得大于35 m,线间距离不得小于0.3 m。

④横担间的最小垂直距离、绝缘子、拉线、撑杆等均应符合规范要求。

架空线路与邻近线路或设施的距离除应符合规范要求外,同时还应考虑施工现场以后的变化,如场内地坪可能垫高造成建筑物的变化等。

⑤应考虑施工情况,防止先架设的架空线与后施工的外脚手架、结构挑檐、外墙装饰等距离太近。

⑥架空线路应设置短路保护和过负荷保护。

(2)埋地电缆的敷设要求

①电缆在室外直接埋地敷设的深度应不小于0.6 m,并应在电缆上下均匀铺设不少于60 mm厚的细砂,然后覆盖砖等硬质保护层。

②电缆穿越建筑物、构筑物、道路、易受机械损伤的场所,引出地面从地下0.2 m至2 m高度,必须加设保护套。保护套管内径应大于电缆外径的1.5倍。

③施工现场埋设电缆时,应尽量避免碰到下列场地:经常积、存水的场地,地下埋设物较复杂的场地,时常被挖掘的场地,拟建建筑物的场地,散发腐蚀性气体或溶液的场地,以及有制造和贮存易燃易爆危险物的场地。

④埋地敷设的电缆接头应设在地面上的接线盒内,接线盒应能防水、防尘、防机械损伤,且应远离易燃、易爆、易腐蚀场所。

⑤电缆线路与其附近热力管道的平行间距不得小于2 m,交叉间距不得小于1 m。

(3)架空电缆的敷设要求

①橡皮电缆架空敷设时,应沿墙或电杆设置,并用绝缘子固定,严禁使用金属裸线作绑线。

②架空电缆档距应保证电缆能承受其自重荷载。

③架空电缆的最大弧垂点距地不得小于2.5 m。

④电缆接头应牢固可靠,并作绝缘包扎,不得承受张力。

⑤电缆线路不得沿地面明敷,并应避免机械损伤和介质腐蚀。

(4)室内配电线路的敷设要求

①室内配线必须采用绝缘导线,采用瓷瓶、瓷夹等敷设,距地高度不小于2.5 m。

②进户线过墙应穿管保护,距地高不小于2.5 m,并有防雨措施。其室外端应用绝缘子固定。

③潮湿场所或埋地非电缆配线必须穿管敷设,管口应密封。用金属管敷设时须做保护接零。

4.3.2 配电箱与开关箱

1)配电箱、开关箱的箱体结构

(1)材质要求

①配电箱、开关箱应采用铁板或优质绝缘材料制作,铁板的厚度应大于1.5 mm。

②施工现场不宜采用木质材料制作。

③配电箱内的电器应安装在金属或非木质的绝缘电器安装板上。

④金属板与配电箱箱体应电气连接。

(2)制作要求

①配置电器安装板和N,PE接线端子板。配电箱、开关箱内的开关电器(含插座)应按其规定的位置安装在电器安装板上。配电箱、开关箱内的工作零线应通过接线端子板连接,并应与保护零线接线端子板分设。N,PE端子板必须分别设置,固定安装在电器安装板上,并做符号标记,严禁合设在一起。其中N端子板与铁质电器安装板之间必须保持绝缘,而PE端子板与铁质电器安装板之间必须保持电气连接。PE端子板的接线端子数应与配电箱(开关箱)的进线和出线的总路数保持一致。

②必须有门锁,应能防雨、防尘,箱体严密和端正。

(3)设置位置要求

①总配电箱应设在靠近电源的地方。分配电箱应装设在用电设备或负荷相对集中的地方。分配电箱与开关箱的距离不得超过30 m。开关箱与其控制的固定式用电设备的水平距离不宜超过3 m。

②配电箱、开关箱应装设在干燥、通风及常温场所。

③配电箱、开关箱周围应有足够两人同时工作的空间和通道。

2)配电箱、开关箱的电器安装及导线连接要求

(1)内部开关电器安装要求

①箱内电器的安装常规是左大右小,即大容量的控制开关、熔断器在左面,小容量的开关电器在右面。

②箱内所有的开关电器应安装端正、牢固,不得有任何松动、歪斜。

③箱内电器元件之间的距离与箱体之间的距离应符合电气规范。

④配电箱、开关箱及其内部开关电器的所有正常不带电的金属部件均应作可靠的保护接零。保护零线必须采用标准的黄/绿双色线,并通过专用接线端子板连接,与工作零线区别。

(2)配电箱、开关箱导线进出口处要求

①对于配电箱、开关箱的电源导线应为下进下出,不能设在上面、后面、侧面,更不应从箱门缝隙中引进和引出。

②在导线的进、出口处应加强绝缘,并将导线卡固。

(3)配电箱、开关箱内连接导线要求

①配电箱、开关箱内应采用性能良好的绝缘导线,接头不得松动,不得有外露导电部分。

②配电箱、开关箱内尽量采用铜线,而不采用铝线。因为铝线接头一旦松动,易造成接触不良产生电火花和高温,使接头绝缘烧毁,导致对地短路故障。为了保证可靠的电气连接,保护零线也应采用绝缘铜线。

3)配电箱、开关箱的使用与维护

①所有配电箱均应标明其名称、用途,并做出分路标记。

②所有配电箱门应配锁,配电箱和开关箱应由专人负责。

③所有配电箱、开关箱应每月进行检查和维修一次。检查、维修人员必须是专业电工。检查、维修时,必须按规定穿、戴绝缘鞋和绝缘手套,必须使用电工绝缘工具,同时断电并悬挂"禁止合闸,有人工作"停电标志牌,严禁带电作业。

④所有配电箱、开关箱在使用过程中必须按照规定的操作顺序。送电操作顺序为:总配电箱→分配电箱→开关箱;停电操作顺序为:开关箱→分配电箱→总配电箱(出现电气故障的紧急情况除外)。

⑤施工现场停止作业1小时以上时,应将动力开关箱断电上锁。

⑥配电箱、开关箱内不得挂接其他临时用电设备。

配电室及自备电源

(1)配电室

配电室的位置应靠近电源,并设在无灰尘、无蒸汽、无腐蚀介质及无振动的地方。配电室维护、操作安全要求如下:

◆配电屏(盘)正面的操作通道宽度,单列布置不小于1.5 m,双列布置不小于2 m。

◆配电屏(盘)后的维护通道宽度不小于0.8 m(个别地点有建筑物结构凸出部分,则此处通道宽度可不小于0.6 m)。

◆配电屏(盘)侧面的维护通道宽度不小于1 m。

◆配电室的顶棚距地面不低于3 m。

◆在配电室内设值班或检修室时,该室距电屏(盘)的水平距离应大于1 m,并采取屏障隔离。

◆配电室内的裸母线与地面垂直距离小于2.5 m时,应采用遮栏隔离,遮栏下面通道的高度不小于1.9 m。

◆配电室的围栏上端与垂直上方带电部分的净距,不小于0.075 m。

◆配电装置的上端距顶棚不小于0.5 m。

◆配电室的门应向外开,并配锁。

(2)自备电源

自备电源是指自行设置的电压为400/230 V的自备发电机组。其安全要求是:发电机组电源应与外电线路电源联锁,严禁并列运行;发电机应采用三组四线制及中性点直接接地系统,并须独立设置。

活动建议

组织学生到2或3个建筑施工工地了解现场用电情况，观察架空线路、配电箱、开关箱的材料、安装等是否符合规范要求，并写出报告。

练习作业

1.架空线路的安全有哪些要求？

2.电缆线路的安全有哪些要求？

3.配电箱、开关箱的电器安装及导线连接有哪些要求？

4.配电箱、开关箱应怎样正确使用与维护？

4.4 现场照明与防雷

4.4.1 现场照明

1)照明器的选择

①正常湿度时，选用开启式照明器。

②在潮湿或特别潮湿的场所，应选用密闭型防水、防尘照明器或配有防水灯头的开启式照明器。

③含有大量尘埃但无爆炸和火灾危险的场所，应采用防尘型照明器。

④有爆炸和火灾危险的场所，必须按危险场所等级选择相应的照明器。

⑤在振动较大的场所，应选用防振型照明器。

⑥有酸碱等强腐蚀的场所，应采用耐酸碱型照明器。

2)特殊场合照明器的电源电压

①隧道、人防工程、高温、有导电灰尘、比较潮湿或灯具离地面高度低于2.5 m等场所的照明，电源电压不应大于36 V。

②潮湿和易触及带电体场所的照明，电源电压不得大于24 V。

③特别潮湿的场所、导电良好的地面、锅炉或金属容器内的照明，电源电压不得大于 12 V。

3）照明线路

施工现场照明线路，一般应从总配电箱处单独设置照明配电箱引出。为了保证三相平衡，照明干线应采用三相线与工作零线同时引出的方式。

照明系统中的每一单相回路中，灯具和插座的数量不宜超过 25 个，并应装设熔断电流为 15 A 或 15 A 以下的熔断器。

（1）照明线路安装注意事项

照明线路的安装应注意以下几个方面：

①一般 220 V 的灯具室外安装高度不低于 3 m，室内安装高度不低于 2.5 m。碘钨灯及其他金属卤化物灯的安装高度宜在 3 m 以上。

②螺口灯头的中心触头应与相线连接，螺口应与零线（N）连接，碘钨灯及其他金属卤化物灯线应固定在专用接线柱上。灯具的内接线必须牢固，外接线必须做可靠的防水绝缘包扎。

③普通灯具与易燃易爆物的距离不宜小于 300 mm，聚光灯及碘钨灯等高热灯具不宜小于 500 mm，且不得直接照射易燃物。

④达不到防护距离时，应采取隔热措施。

（2）照明线路控制与保护内容

照明线路的控制与保护包括以下几个方面：

①任何灯具必须经照明开关箱配电与控制，配置完整的电源隔离、过载与短路保护及漏电保护电器。

②路灯还应逐灯另设熔断器保护。

③灯具的相线必须经开关控制，不得直接引入灯具。

暂设工程的照明灯具宜采用拉线开关控制，其安装高度为距地 2~3 m。宿舍区禁止设置床头开关。

（3）行灯的使用要求

①电源电压不得超过 36 V。

②灯体与手柄应坚固、绝缘良好并耐热耐潮湿。

③灯头与灯体结合牢固，灯头上无开关。

④灯泡外面有金属保护网。

⑤金属网、反光罩、悬挂吊钩应固定在灯罩的绝缘部位上。

4.4.2 防雷

1）直击雷

雷是一种大气放电现象。当雷云较低，周围又没有带异性电荷的雷云，就会在地面凸出物上感应出异性电荷，造成雷云与地面凸出物之间放电，即通常所说的雷电。这种对地面凸出物的直接放电而造成损害的现象称为雷击。

2)感应雷

感应雷是附近落雷时电磁作用的结果,可分为静电感应和电磁感应两种。

- 静电感应　静电感应是由于雷云放电前,在地面凸出物顶部感应了大量异性电荷所致。
- 电磁感应　电磁感应是由于雷云放电后,巨大的雷电流在周围空间产生迅速变化的强大电磁场所致。

3)雷暴日数

雷暴日数是表示各地区雷电活动程度,是指在一个年度内,某地区发生雷暴的天数。雷暴日数越多,说明该地区雷电活动越频繁,则防雷设计的标准要求也就越高,防雷措施也越应加强。雷暴在我国分布的特点是南方多、北方少,山地多、平原少,内陆多、沿海少。

《施工现场临时用电安全技术规范》(JGJ 46—2005)按照不同地区年平均雷暴日折算出需要安装防雷装置的机械设备高度。当施工现场有达到规定高度的机械设备,且在相邻建筑物防雷装置的保护范围以外时,这些设备应安装防雷装置,具体参见表 4.2 的规定。

表 4.2　施工现场内机械设备需安装防雷装置的规定

地区年平均雷暴日/天	机械设备高度/m
≤15	≥50
>15,<40	≥32
≥40,<90	≥20
≥90,以及雷害特别严重地区	≥12

小组讨论

我国哪些地区雷暴日数多,哪些地区雷暴日数少?

4)防雷

防雷就是通过设置一种装置,人为控制和限制雷电发生的位置,并使其不至于危害到需要保护的人、设备或设施。这种装置称为防雷装置或避雷装置。

(1)防雷装置

防雷装置是接闪器、引下线和接地体的总称。防雷装置利用高出被保护物的突出部位,把雷电引向自身,通过引下线和接地体,将雷电流泄入大地,以保护物体免遭雷击。

防雷装置安装要求包括以下 3 个方面:

- 接闪器　接闪器有避雷针、避雷线、避雷网、避雷带及避雷器等形式。避雷针可采用直径 ϕ20 及以上的钢筋,其长度为 1~2 m,装置在设备的最顶端。也可利用机械设备的尖端作接闪器。
- 引下线　一般采用铜线、钢筋、扁钢、角钢材料,各段之间要保证电气连接(焊接或压接)。不能用铝线作引下线,防止腐蚀和机械损伤。也可利用该设备的金属结构体,但应保证金属结构体相邻部件之间的电气连接。
- 接地体　可与该设备的重复接地共用一组接地体。作为防雷接地的设备,必须同时做重复接地。此外，为了防止跨步电压伤人，接地装置距建筑物入口不应小于 3 m。

提问回答

防雷装置的防雷原理是什么？

(2)防雷部位确定

施工现场需要考虑防直击雷的部位主要是塔式起重机、物料提升机、外用电梯等高大机械设备及钢脚手架、在建工程金属结构等高架设施，并且其防雷等级可按三类防雷对待。防感应雷的部位是设置现场变电所时的进、出线处。

(3)防雷保护范围

防雷保护范围是指接闪器对直击雷的保护范围。

滚球法

接闪器防直击雷的保护范围是按“滚球法”确定的。“滚球法”是指选择一个其半径由防雷类别确定的一个可以滚动的球体，沿需要防直击雷的部位滚动，当球体只触及接闪器(包括被利用作为接闪器的金属物)，或只触及接闪器和地面(包括与大地接触并能承受雷击的金属物)，而不触及需要保护的部位时，则该未被触及部分就得到接闪器的保护。单支避雷针的保护范围是以避雷针为轴的直线圆锥体范围，直线与轴的夹角即保护半径所对应的角度为 60°。

(4)施工现场防雷要求

施工现场所有防雷装置的冲击接地电阻值不得大于 30 Ω。施工现场内的起重机、井字架及龙门架等机械设备应安装防雷设备。若最高机械设备上的避雷针，其保护范围按 60°计算能够保护其他设备，且最后退场，则其他设备可不设防雷装置。机械设备上的避雷针长度应为 1~2 m。

提问回答

施工现场哪些部位是重点防雷部位？

活动建议

上网查找《施工现场临时用电安全技术规范》(JGJ 46—2005)和《建筑物防雷设计规范》(GB 50057—2010)，并仔细阅读。

练习作业

1.如何选择施工照明灯具？

2.照明线路安装有哪些注意事项？

3.行灯使用有何要求？

4.防雷装置的安装有何要求？

学习鉴定

1.选择题

（1）露天装设的灯具应采用防水式灯具，距地面高度不低于（　　）。每个灯具上应设熔断器。

A.2.5 m　　B.3 m　　C.3.5 m　　D.4 m

（2）室内照明灯具距地面不得低于（　　），一般施工现场采用额定电压为220 V的螺口白炽灯具。

A.2.5 m　　B.2.0 m　　C.1.5 m　　D.1.8 m

（3）现场为潮湿的工作环境时，照明电压不大于（　　）。特别潮湿的场所、导电良好的地面、锅炉和金属容器内的灯具，其电源电压不大于（　　）。工作手灯应有胶把和保护网罩。

A.36 V　　B.24 V　　C.12 V　　D.48 V

（4）照明线路不能拴在金属脚手架、龙门架上。灯具需要安装在金属脚手架、龙门架上时，线路和灯具必须用绝缘物与其隔离开，并距离工作面的高度在（　　）以上。

A.2.4 m　　B.2.0 m　　C.1.5 m　　D.3 m

（5）架空线路终端、总配电盘及区域配电箱与电源变压器的距离超过50 m以上时，其保护零线（PE线）应做重复接地，接地电阻值不应大于（　　）。

A.100 Ω　　B.50 Ω　　C.10 Ω　　D.70 Ω

2.问答题

（1）如何选择施工照明灯具？

（2）“一机、一闸、一漏、一箱”的含义是什么？

(3)配电箱、开关箱应怎样正确使用与维护?

(4)何为工作接地、保护接地?

(5)施工现场哪些部位是重点防雷部位?

教学评估表见本书附录。

5 建筑施工现场安全急救

本章内容简介

建筑施工出血事故现场急救

建筑施工触电事故现场急救

建筑施工烧伤事故现场急救

本章教学目标

了解建筑施工事故现场急救基本常识

掌握建筑施工出血事故现场急救基本方法

掌握建筑施工触电事故现场急救基本方法

掌握建筑施工烧伤事故现场急救基本方法

问题引入

建筑施工现场发生安全事故时，如外伤大出血、骨折、触电等，尤其是心脏骤停的病人，如果不能及时送往医院救治，很可能会导致死亡。但由于种种原因，受伤人员不可能被很快送往医院救治，而在等待医生到来之前，如果对受伤人员实施现场急救，将很可能挽回其生命，因此对建筑施工事故现场开展急救就显得尤其重要。那么，如何应对不同的伤害而实施不同的急救措施呢？这是现场工作人员必须掌握的。下面，我们就来学习建筑施工现场安全急救方面的知识。

院前急救

为了使受到意外伤害或急重病人能及时得到救治，尽可能不耽误病人的治疗期，必须对病人进行院前急救。

院前急救是指在到达医院前对患者进行抢救，它分为专业性院前急救和非专业性院前急救。专业性院前急救是指病人去医院以前，急救车和急救医生到现场的救护；非专业性院前急救是指在急救车和急救医生到现场之前，由现场的第一反应人进行急救，也是名副其实的院前急救，因为第一反应人往往不是专业的医护人员，故称为非专业性院前急救更为贴切。

非专业性院前急救是十分重要的，因为这种非专业性院前急救更能使发生的意外伤害或急重病人及时得到救治，大大减少病人的痛苦和减小伤病的危险，对保护病人的生命健康有着至关重要的作用。

随着建筑业的不断发展，各种意外事故引起的伤害呈上升趋势。作为建筑业的从业人员，人人都有救人的义务，人人都应该学习急救知识并学会急救技术。基本的急救技能包括人工呼吸、胸外按压、止血、包扎、固定、搬运等。

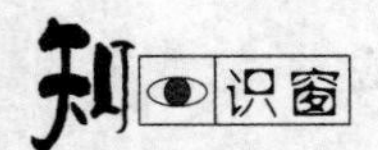

黄金4分钟

大量实践表明：心跳停止4 min内进行心肺复苏者，有50%的人能被救活；4~6 min开始进行心肺复苏者，仅有10%的人能被救活；超过6 min进行心肺复苏者，仅有4%的人能被救活；10 min以上开始进行心肺复苏者，几乎无存活的可能。所以有“黄金4分钟”的说法。

5.1 出血事故的现场急救

问题引入

由图1.1可知,建筑事故的主要类型分别是高处坠落、坍塌、物体打击、机械伤害、其他伤害。这些建筑伤害事故大多数直接或间接导致伤员发生出血现象,因此,对建筑施工事故中出血伤员的现场急救显得十分重要。那么,在建筑施工过程中,一旦发生意外出血事故,我们应该怎么办?下面,我们就来学习出血事故的现场急救知识。

5.1.1 出血

1)出血的危害

在建筑施工过程中,从业人员都有可能受到意外伤害而出血,如不及时有效地处理,当出血量达到伤员血容量的20%以上时,就会有生命危险。心脏和大血管出血,往往来不及抢救便会立即死亡;中等口径的血管损伤出血,也会造成或加重休克,危及生命。因此,有关专家指出,有25%的死亡原因不是患有绝症或衰老,而是在意外事故的损伤中丧失了现场抢救时机!

2)出血的症状

创伤出血的症状视出血量而定。轻微出血不会产生全身症状,只有出血量较大,才会出现头晕、眼花、面色苍白、出冷汗、四肢发凉、呼吸急迫、口唇紫绀、心慌等症状,甚至发生休克。

3)出血的种类

(1)按出血血管的种类分类

①动脉出血:血液呈鲜红色,呈喷泉状,血柱有力,随心跳向外喷射。图5.1所示为人体全身动脉分布图。

②静脉出血:血呈暗红色,不间断、均匀、缓慢地流出。

③毛细血管出血:只从伤口缓慢渗出,可自动止血。

(2)按出血部位分类

①外出血:血液从伤口流出,看得见。

②内出血:体腔内出血,如颅腔、胸腔、腹腔内出血,外面看不见。

5.1.2 止血方法

1)指压止血法

指压止血法是指用拇指压住出血血管上端(近心端),以此压闭血管,阻断血流而止血。

这种止血方法主要用于四肢大出血的急救。平时要经常练习并熟悉血管的走向，但压迫的时间不宜太长。压迫的手法与位置如图 5.2 所示。

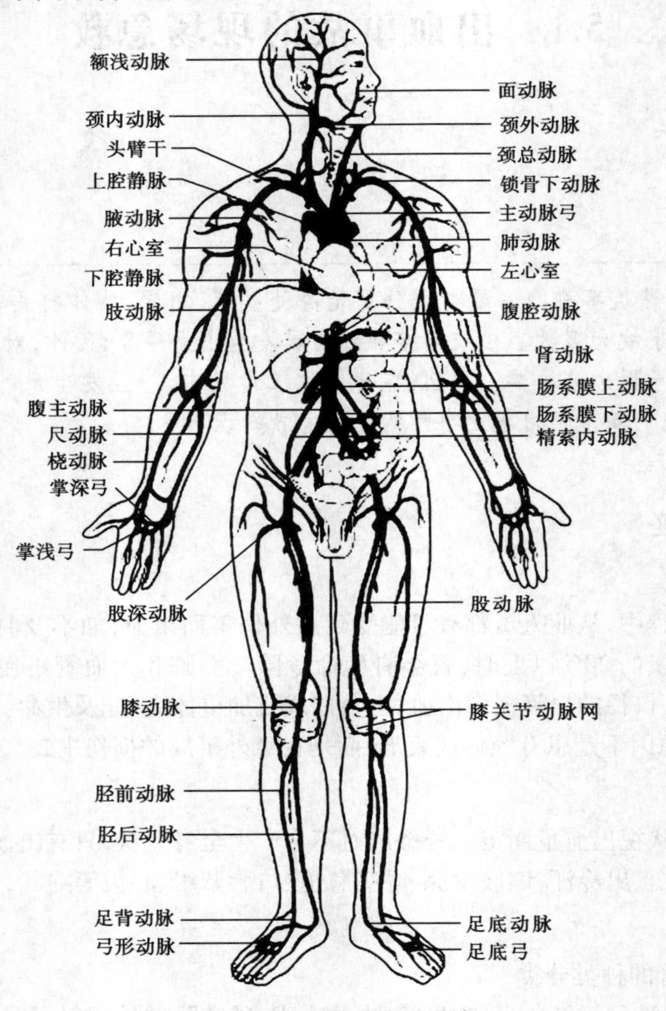

图 5.1 人体全身动脉分布

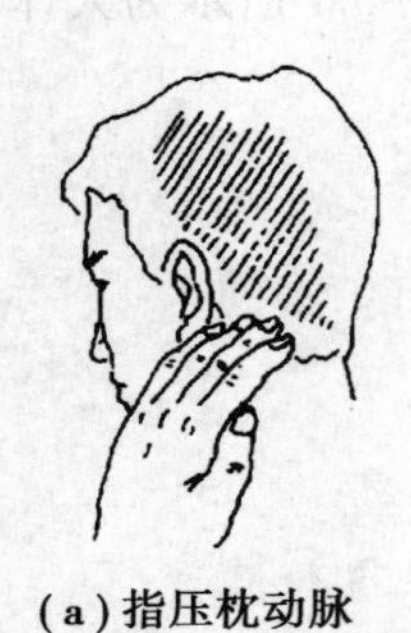

(a) 指压枕动脉

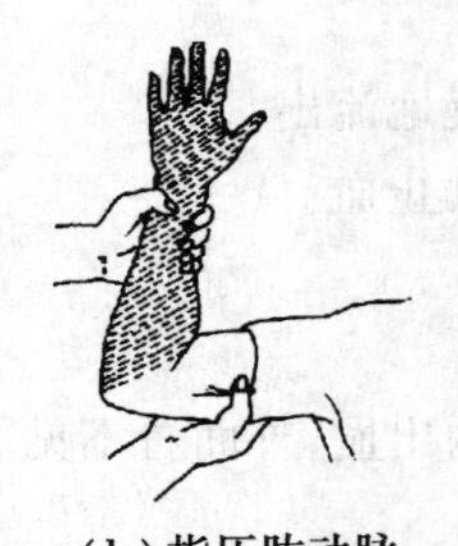

(b) 指压肱动脉

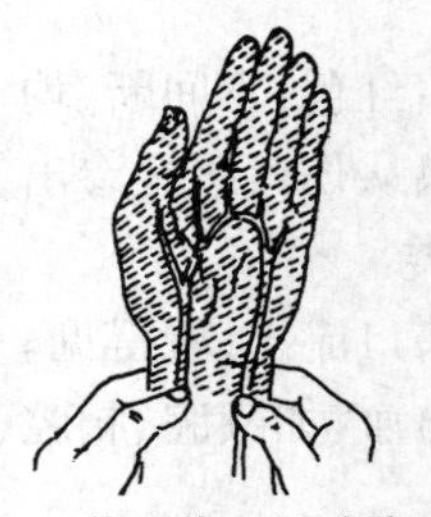

(c) 指压桡、尺动脉

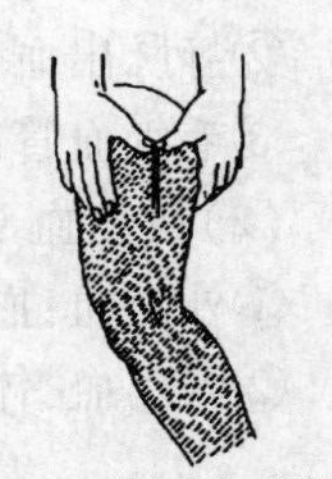

(d) 指压股动脉

图 5.2 压迫的手法与位置

2)加压包扎止血法

伤口小的出血,局部用生理盐水冲洗干净,盖上消毒沙布,用绷带较紧地包扎即可,如图5.3所示。包扎时松紧要合适,做到既能止血,又不阻碍肢体的血液循环。肢体要抬高,绷带从远端开始包扎,上下超过伤口二三横指。如果继续出血渗透了敷料,要再加敷料包扎。

3)填塞止血法

用消毒的棉垫、纱布等,直接填塞到伤口内,再用绷带、三角巾等包扎,松紧以达到止血为度,如图5.4所示。

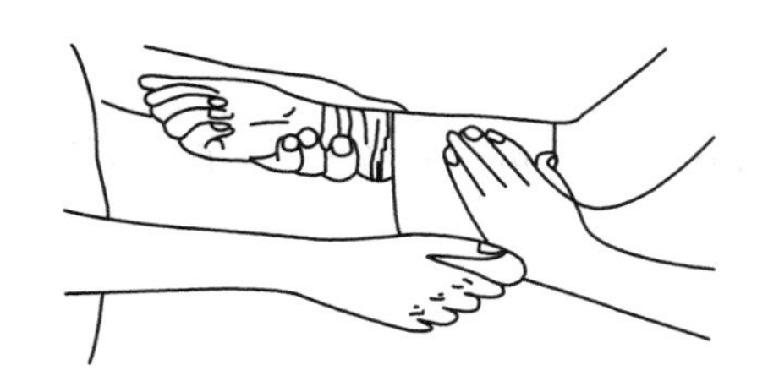

图5.3 加压包扎止血法

图5.4 填塞止血法

4)屈曲关节止血法

在肘窝、腘窝处放纱布或棉垫,然后弯曲起来用绷带把肢体包扎住,如图5.5所示。

5)止血带止血法

四肢较大血管出血,加压包扎不能有效止血时,可用止血带止血法。方法要领:止血带要缠在伤口上方,尽量靠近伤口;在扎止血带处裹上垫布,第一道止血带绕扎在衬垫上;第二道止血带压在第一道上,松紧以出血停止,远端摸不到脉搏为宜,如图5.6所示。

图5.5 腘窝弯曲后用绷带止血的方法

图5.6 橡皮止血带止血法

小组讨论

在开展建筑施工现场急救时,如何根据伤员的出血情况判定采取哪种止血方法?

止血技能口诀

外伤出血危害大，紧急抢救不要怕；伤口小，出血少，可用绷带紧包扎；
血管出血常较大，找到上端用指压；四肢出血有办法，止血带的效果佳；
只有平时细心学，用时方能不瞎抓。

5.1.3 包扎

所有开放性伤口，在现场急救时都应立即进行妥善包扎。包扎可保护伤口、止血、减轻疼痛、减少污染、防止感染。

1）包扎注意事项

①包扎前，先将衣裤解开或剪开，充分暴露伤口。

②敷料接触伤口的一面须保持干净或尽量减少污染。

③伤口上或周围不敷任何药粉。

④敷料应充分遮盖伤口和伤口周围皮肤 5~10 cm 范围。

⑤较大较深的出血伤口，可先用干净敷料填塞，再加压包扎。

⑥包扎时动作必须轻快，以免增加损伤。

⑦对骨折或关节损伤的伤员，包扎后应加用固定器材。

⑧从伤口脱落出的肠管、露出的骨折端等，原则上不应在现场还原，须加以保护后包扎，待清理创伤时处理。

2）包扎材料的选择

最常用的包扎材料有绷带、三角巾和四头带等。如果没有这些材料，也可用伤员或急救者的毛巾、衣服等包扎伤口。

3）包扎方法

常用的包扎方法有以下几种：

（1）绷带包扎法

用绷带包扎时，应从远心（心脏）端向近心（心脏）端进行包扎，必须将绷带头压住（在开始包扎时多绕两圈），每圈重叠以 1/3 宽度为宜。一般常用的绷带包扎法有环形包扎法（如图5.7所示）、8 字包扎法（如图 5.8 所示）、螺旋形包扎法（如图 5.9 所示）和螺旋反折包扎法等。

（2）三角巾包扎法

对创伤面较大的伤口，最好用三角巾包扎，它是一种简单、方便、灵活的包扎方法，可适用于身体不同部位的包扎。根据具体情况，针对不同部位，还可用风帽式或头巾包扎法（如图5.10所示）、面部三角巾包扎法（如图 5.11 所示）、背部或胸部和上肢三角巾包扎法（如图 5.12 所示）等。

（3）四头带包扎法

四头带包扎法将四头带贴在盖好敷料的伤口上，然后将 4 个头分别拉向对侧打结，这种包扎法特别适用于胸部外伤者。

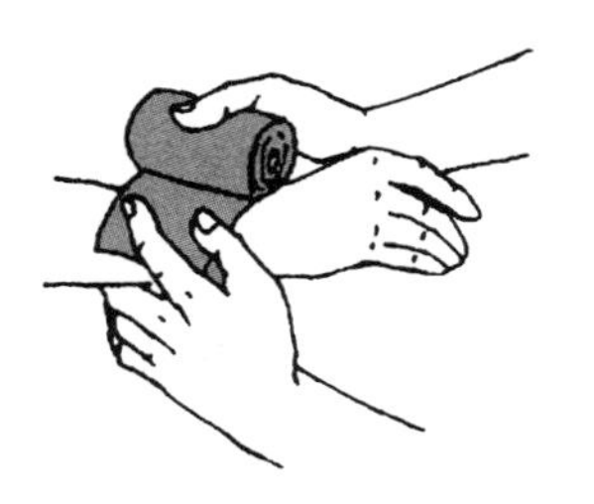

图 5.7 环形包扎法

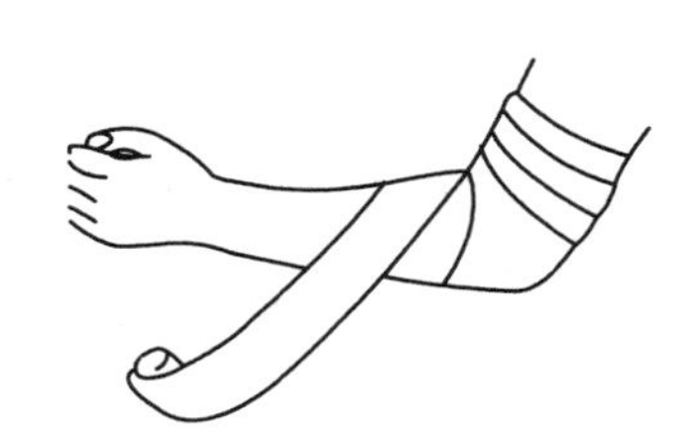

图 5.8 肘关节绷带 8 字包扎法

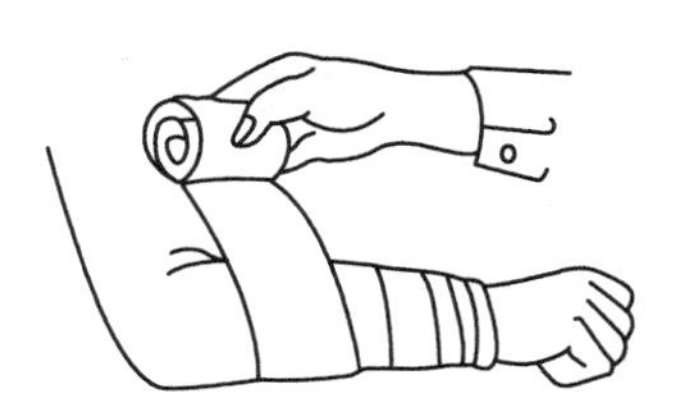

图 5.9 前臂绷带螺旋形包扎法

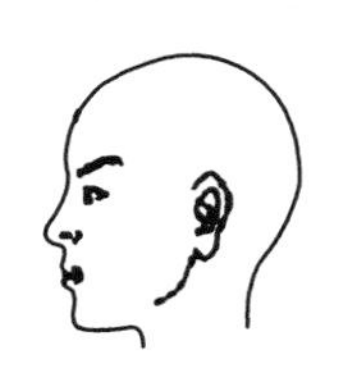

①

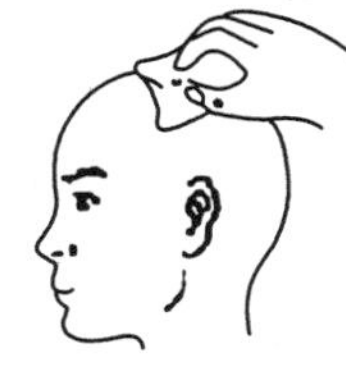

②

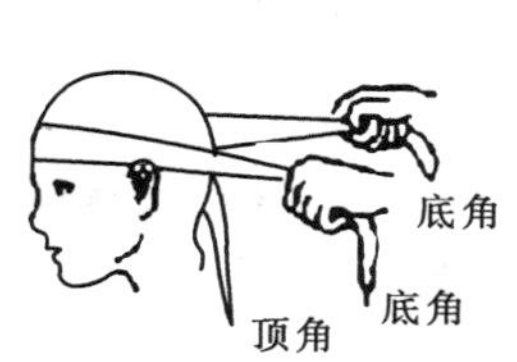

③

④

⑤

⑥

图 5.10 风帽式包扎法

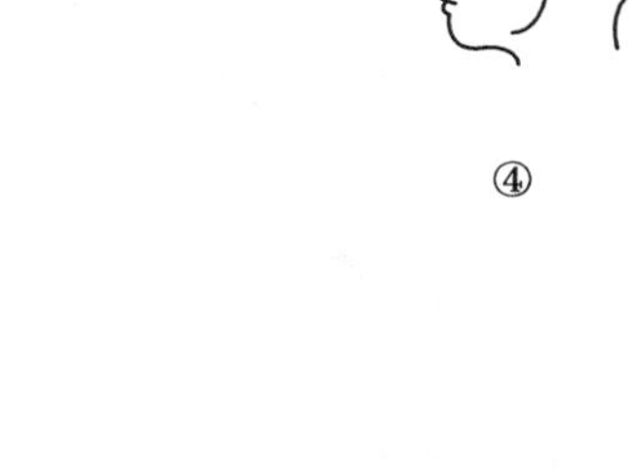

图 5.11 双眼三角巾包扎法

①

②

③

图 5.12 侧胸部三角巾包扎法

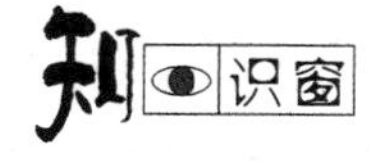

包扎技能口诀

包扎简单用处大,止血固定需要它;常用绷带三角巾,毛巾手绢临时抓;
环形包扎最常用,一圈要把一圈压;四肢胸背受了伤,可用螺旋包扎法;
粗细不等腿和臂,要用螺旋反扎法;肘膝关节能活动,8 字包扎效最佳;
包扎别忘三角巾,方便快捷面积大。

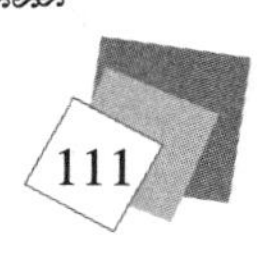

5.1.4 骨折的固定

1)骨折固定的意义

对骨折进行及时有效的固定,可以防止骨折断裂端错位以及扎伤血管、神经而引起新的损害。

2)骨折固定材料的选择

可利用一切可以利用的材料,如夹板、木板、铁棒、竹竿等固定伤员的骨折部位。

3)骨折固定的方法

骨折固定的方法多种多样,视具体情况而定。一般要根据伤员受伤的不同部位和伤情来选择不同的方法,如图5.13所示。

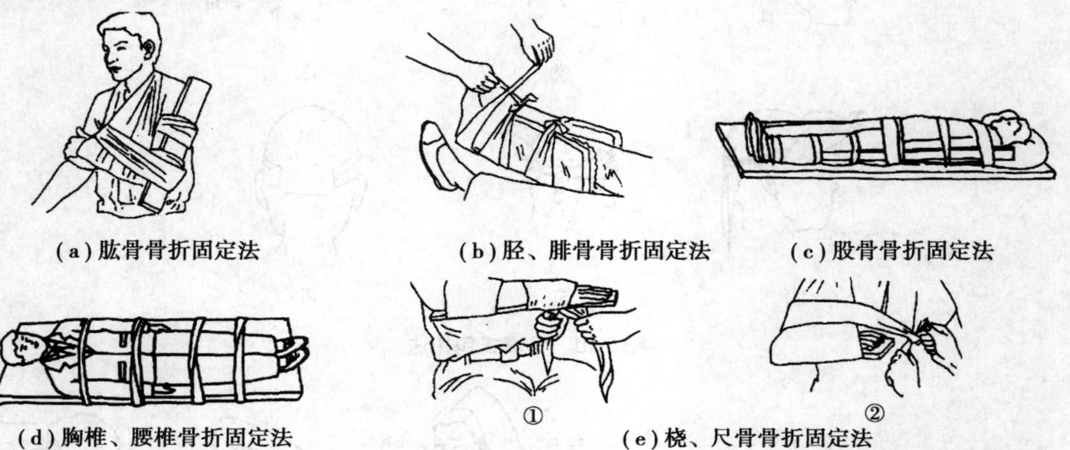

(a)肱骨骨折固定法　(b)胫、腓骨骨折固定法　(c)股骨骨折固定法

(d)胸椎、腰椎骨折固定法　(e)桡、尺骨骨折固定法

图5.13　骨折固定的方法

骨折固定技能口诀

骨折以后要固定,防止错位并发症;及时有效别含糊,夹板绷带最常用;
木棍衣襟可代替,躯干四肢都适宜;夹板长过两关节,固定位置保功能;
脊柱骨折尤注意,稍有疏忽误终生。

5.1.5 搬运伤员

1)搬运伤员的意义

危重伤员要快速、科学地搬运,及时送往医院,这有利于抢救危重伤员并减轻他们的痛苦,避免并发症,使伤员尽快康复。因此,我们一定要掌握搬运伤员的正确方法。

2）搬运工具

担架是搬运伤员最常用的工具，除脊柱损伤等有特殊要求者外，一般伤员都可以用担架来搬运。如果现场没有现成的担架，可用门板、长凳、竹杆、毛毯、衣服等物品代替担架。

3）搬运伤员的方法

根据伤员的伤势、受伤种类和当时环境条件不同，搬运伤员的方法也是多种多样的，常用的方法有搀扶法、抱持法、背负法、肩负法、椅托法和平卧托运法等搬运方法，如图5.14所示。

(a)搀扶法

(b)抱持法

(c)背负法

(d)椅托法

图5.14 搬运伤员的方法

搬运伤员技能口诀

伤员急救需搬运，科学快速为根本；根据条件来选择，病情需要是标准；
可扶可背可抱持，重伤担架最平稳；注意事项要记牢，一错铸成千古恨！

练习作业

1.在实施现场急救时，如果实施指压止血法止血，要特别注意哪几个环节？

2.在实施现场急救时，如果实施加压包扎止血法止血，要掌握什么要领？实施止血带止血法止血呢？

3.对伤口进行包扎时，有哪些注意事项？

5.2 触电事故的现场急救

问题引入

你知道吗？触电事故是建筑施工业“五大伤害”之一！触电可发生在任何有电线、电器、电设备的场所。人体触电后会引起局部或全身的损伤，轻者会造成痛苦，重者会迅速死亡。如何在触电事故发生时，及时进行现场急救呢？下面，我们就来学习触电事故的现场急救知识。

触电的危险性

触电时，当电流量进入身体达到 18~22 mA 时，会造成呼吸肌不能随意收缩，而导致严重窒息；如电流量超过 22 mA 以上，则会使心室发生纤颤，造成心泵排血困难，几分钟内即可停止心脏跳动。所以心室纤颤是触电死亡的主要原因。如一次超过 10 A 的电流量就会把皮肉击穿；大脑和其他神经组织通过大量电流时，会失去所有的正常兴奋性，从而使伤者很快进入昏迷状态。受到过大电流的损害，人的中枢神经系统会立即产生强烈反应，这时触电者会发生面色苍白、呼吸急促、心跳加快、血压下降和神志不清等症状；如强大电流继续进入人体，将会麻痹其呼吸、心跳中枢，使呼吸、心跳停止，救治不及时则会很快死亡。

5.2.1 电击伤

电击伤（俗称触电）是由于电流通过人体所致的损伤，大多数是因人体直接接触电源所致，也有被数千伏以上的高压电或雷电击伤的情况。接触 1 000 V 以上的高压电多出现呼吸停止；接触 200 V 以下的低压电易引起心肌纤颤及心搏停止；接触 220~1 000 V 的电压会导致心脏和呼吸中枢同时麻痹。触电部位有深度灼伤，呈焦黄色，与周围正常组织分界清楚，触电一般有两处以上的创口，为一个入口、一个或几个出口，重者创面深及皮下组织、肌肉、神经，甚至深达骨骼，呈炭化状态。

5.2.2 急救方法

触电急救应分秒必争！首先是使病人尽快脱离电源，如果是由灯头、电器设备或电动工具漏电引起的触电，应立即关闭电源，拔出插头，使电流中断；如遇有人被漏电电线或被刮断、割断的电线击倒时，可用带木柄的铁器等绝缘工具斩断电线，或者用绝缘物体（如带橡皮的手套或橡胶布等不通电的物品）将伤者身上的电线、电器等迅速移开，使伤者尽快脱离电源。

急救者切勿直接接触触电伤员，防止自身触电而影响抢救工作的进行。

①当伤员脱离电源后，应立即检查伤员全身情况，特别是呼吸和心跳，发现呼吸、心跳停止时，应立即就地抢救。

a.若触电者神志清醒、呼吸心跳均自主，则应使其就地平卧，严密观察，暂时不要让触电者站立或走动，防止继发休克或心衰。

b.若触电者呼吸停止，但心搏存在，则应将其就地平卧，解松衣扣，使其呼吸道保持畅通，再立即进行口对口人工呼吸，有条件的可在气管中插管，用加压氧气进行人工呼吸，见表5.1。亦可针刺人中、十宣、涌泉等穴位，或给予呼吸兴奋剂（如山梗菜碱、咖啡因、可拉明）。

c.对心搏停止，呼吸存在者，应立即做胸外心脏按压，见表5.1。

表5.1　急救濒临死亡的伤者

急救方法	图示及说明	
胸外心脏按压术：立即用中等拳击力叩击心前区3~5次	 心脏挤压的正确方法	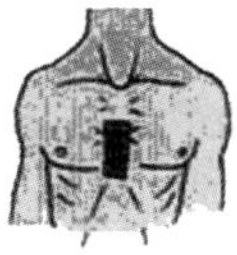 胸外心脏挤压的部位
人工呼吸：与心脏按压配合，此时可见伤者胸部下沉和被动呼吸	 让伤者仰卧，救护人跪于一侧	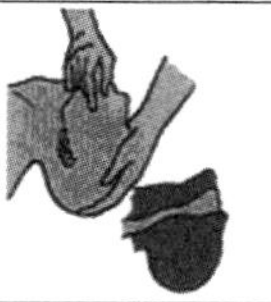 用大拇指和食指捏闭伤者的鼻孔，另一手抬起下颌，使头尽量后仰
	 操作者深吸一口气	 以口唇密封伤者口唇四周

d.对呼吸心跳均停止者，则应在人工呼吸的同时实行胸外心脏按压，以帮助其恢复呼吸和心跳，恢复全身器官的氧供应。现场抢救最好能有2人分别实行口对口人工呼吸及胸外心脏按压，以1∶5的比例进行，即人工呼吸1次，心脏按压5次。如现场抢救仅有1人，用15∶2的比例进行胸外心脏按压和人工呼吸，即先做胸外心脏按压15次，再口对口人工呼吸2次，如此交替进行，并一定要坚持到底。

②处理电击伤时，应注意有无其他损伤。如触电后弹离电源或自高空跌下，常并发颅脑外伤、血气胸、内脏破裂、四肢和骨盆骨折等。如有外伤、灼伤均需同时处理。

③在现场抢救中，不要随意移动伤员。若确需移动时，抢救中断时间不应超过30 s。移动伤员或将其送医院时，除应使伤员平躺在担架上并在背部垫以平硬阔木板外，还应继续抢救，心跳呼吸停止者要继续人工呼吸和胸外心脏按压，在医院医务人员未接替前救治不能中断。

心脏胸外按压法口诀	人工呼吸法口诀
伤员仰卧硬板上,救者跪于左腰旁;	轻拍呼吸气已无,伤员仰卧救者跪;
迅速找出按压点,胸骨下1/2处;	解开衣扣去领带,摘掉假牙防吞入;
手掌重叠置点上,两臂垂直用力量;	仰头举颏捏鼻孔,口包全唇把气吹;
每次下压4厘米,压后即松手仍放;	吹气2秒口离开,2秒过后接着吹;
每分按压100次,压松规律一个样。	每分最好15次,坚持到底是胜利!

练习作业

在实施现场急救时,如果实施口对口人工呼吸,要注意掌握哪几个方面的要领?

5.3 烧伤事故的现场急救

问题引入

在建筑施工中,烧伤事故也是一类常见和多发的事故,导致烧伤的原因比较复杂。那么,在建筑施工过程中,一旦遇到烧伤事故,应如何实施现场急救呢?下面,我们就来学习烧伤事故的现场急救。

在建筑施工过程中，烧伤一般是指热力、化学物质、电能、激光、放射线等所引起的组织损伤。而烧伤的现场急救是烧伤治疗的起点和基础，是整个治疗过程中的重要环节。急救及时，措施得当，能大大地减轻伤员的损伤程度，避免并发症和降低死亡率，为以后的治疗工作打下良好的基础。相反，急救不及时或错误急救都会给以后的治疗带来很大困难，甚至造成意想不到的严重后果。从医院收治烧伤患者来看，早期处理得当的并不多，甚至还有错误处理。因此，对建筑从业人员开展烧伤急救知识宣传教育，加强对他们的培训，提高现场救治意识和能力是非常重要的。

现场急救包括病人自救（自我救护及他人指导下的自救）及他人救护。其基本原则是：迅速脱离或排除致伤源，立即冷疗，并就近急救和分类转送专科医院。

5.3.1 烧伤的种类及急救方法

1）火焰烧伤

伤员应迅速灭火，立即平卧于地，慢慢滚动躯体以灭火，或者跳入附近的水池、小河中灭火。切勿站立、呼喊或奔跑，以免火焰因奔跑而燃烧更旺，因喊叫吸入炽热气体而造成吸入性损伤。特别注意的是，不能赤手扑打火焰，因为赤手扑打火焰会使手部烧伤，手深部烧伤会造成手功能障碍。他人或消防人员除指导病人自救外，应使用大量清水或其他灭火材料将火扑灭，或用棉被、毯子、大衣覆压在病人身上灭火，并尽快协助病人离开现场。

2）热流体或蒸汽烫伤

应使病人迅速离开现场并立即脱去浸湿的衣服，以免衣服上的余热继续产生作用，使创面深化。要尽可能避免将泡皮剥脱，可先用冷水冲洗，带走热量后剪开热液浸湿的衣服。如贴身衣服与伤口粘在一起时，切勿强行撕脱，以免使伤口加重，可用剪刀先剪开，然后慢慢将衣服脱去。

3）化学物质烧伤

最简单、最有效的处理办法是：脱离现场后即刻脱去被化学物质沾染或浸透的衣服、手套、鞋袜等，用大量清洁冷水冲洗烧伤人员，时间不得少于 30 s，一方面可冲洗掉化学物品，另一方面可使伤者局部毛细血管收缩，减少对化学物品的吸收。除现场备有拮抗剂或中和剂、有使用经验的人员外，切勿因寻找拮抗剂、中和剂而耽搁冲洗时间。应特别注意病人眼部感觉并仔细检查，在有损伤情况下应予以冲洗。对个别被剧毒化学物质（如氰化物）烧伤的患者，应在大量冲洗的同时，尽早采取相应的解毒措施；对于生石灰烧伤，应在除去生石灰粒后方可冲洗，防止生石灰遇水生热，加重损伤；对于磷烧伤，应将创面浸于水中，或以多层湿纱布覆盖，以防止磷在空气中继续燃烧，加重损伤，同时应尽量清除磷粒。

4）电烧伤

立即切断电源，再接触患者，并扑灭着火衣服。在未切断电源以前，急救者切记不要接触伤员，以免自身触电。灭火后，如发现伤员呼吸心跳停止，应在现场立即进行胸外心脏按压和口对口人工呼吸抢救，待心跳和呼吸恢复后，及时转送就近医院进一步处理，或在继续进行心肺复苏的同时，将伤员迅速转送到最近的医疗单位进行处理。如因电弧引起烧伤，切断电源后，按火焰烧伤处理。

5.3.2 急救方法

1)及时给患者实施冷疗

用冷水冲洗、浸泡或湿敷是烧伤早期最为有效而经济的手段,其优点是:

①可迅速降温,阻止热力继续作用而使创面加深。

②减轻疼痛,减少渗出和水肿。

③经济方便。

④可清洁创面。

因此,如有条件,热力烧伤后宜尽早进行冷疗,越早效果越好。方法是将烧伤创面在自来水龙头下淋洗或浸入清洁冷水中(水温以伤员能耐受为准,一般为15~20 ℃,夏天可在水中加冰块),或用清洁冷(冰)水浸湿的毛巾、纱垫等敷于创面。冷疗的时间无明确限制,一般掌握到冷疗停止后不再有剧痛为止,多需0.5~1 h或更长时间。冷疗一般适用于中小面积烧伤,特别是四肢的烧伤。对于大面积烧伤,冷疗并非完全禁忌,但由于大面积烧伤采用冷水浸泡,伤员多不能忍受,特别是寒冷季节。为了减轻寒冷的刺激,如无禁忌,可适当应用镇静剂,如吗啡、杜冷丁等。

2)注意保护好患者的创面

对创面最好不做任何处理,揭去表皮、挑破水泡等做法都是有害的。为防止创面污染而加重损害,应进行简单包扎,或以清洁的被单、衣服等覆盖、包裹,以保护创面。不管是烧伤或烫伤,创面严禁用红汞、龙胆紫等有颜色药物涂擦,以免影响对创面深度的判断和处理,且大量涂擦红汞会因创面吸收而导致汞中毒。勿用盐、糖、酱油、牙膏等涂抹创面,防止污染。天寒季节,尤其是夜间,应注意保暖,以避免加速发生或加重休克。

3)镇静止痛

病人剧痛、情绪紧张或恐惧,可酌情使用镇痛剂,常用静脉缓慢推注稀释的杜冷丁,也可合用杜冷丁和异丙嗪,或皮下注射杜冷丁50 mg,或吗啡10 mg。但吸入性损伤、并发颅脑损伤及1岁以下婴儿忌用杜冷丁,以免抑制呼吸,可改用苯巴比妥钠或异丙嗪。对持续躁动不安的患者要考虑是否有可能休克,切不可盲目镇静。

4)补液支持,防止休克

烧伤以后,血管内的血浆性液体立即经过通透性增加的毛细血管渗入组织间隙或创面。在一定烧伤面积内,液体丢失的量与体表烧伤面积、病人体重成比例。血浆性液体的丢失使血液浓缩、血细胞压积升高。如果未对病人所丢的液量进行补充,则病人将发生血容量低、休克,甚至死亡。因此,当烧伤面积达到一定程度,伤者失液过多时,必须及时给予补液支持。

伤员如出现口渴频繁要水喝的早期休克症状,可给伤员喝淡盐水、淡盐茶或烧伤饮料,并分多次饮用,一般一次口服不宜超过200 mL。不要让伤员单纯喝白开水或糖水,更不可饮水过多,以防发生胃扩张和脑水肿。

5)重视全身检查,及时处理危及生命的合并损伤

体表烧伤一眼可见,如不做初步的全身检查,就会只顾烧伤,而忽略了其他合并损伤,给伤

员带来不应有的损害，甚至危及生命。因此，在处理烧伤病人时，首先应注意检查有无立即危及生命的情况，如严重的呼吸困难以致停止呼吸，心搏极弱以致停搏，血压下降以致测量不出，中毒、昏迷、大出血、骨折等，应予优先处理。如烧伤者又同时煤气中毒，对中毒要予以相应的处理。化学烧伤时，不能忽略全身中毒的解救。有呼吸道烧伤者，应注意口腔和鼻腔的卫生，清除泥土和异物，随时清除分泌物，保持呼吸道通畅。仅从烧伤角度处理烧伤而忽略其他，往往会造成不可弥补的损失。

6)及时运送医院诊治

经过现场急救的严重烧伤病人，应迅速运送至附近的医院进行初期处理并住院治疗。对于大面积、特重烧伤患者，应在其全身情况允许的条件下，及早送专科医院诊治；对中、重度烧伤患者，应在休克前或休克得到有效控制后，立即送专科医院诊治；轻度烧伤患者也不可随便自行处理，以免误诊误治。

运送伤员到医院诊治应注意以下几点：

(1)运送时机

什么时候运送伤员呢？休克发生时间的早晚及严重程度，在未进行输液治疗条件下，与烧伤的严重程度有关。据统计，无并发症的轻度及中度烧伤，休克发生率很低，这类病人如果需要转送，时间上并无限制。重度烧伤应于伤后6~8 h内送达专科医院。特重烧伤应在伤后2~4 h内送达专科医院，或送往就近的医疗单位进行抗休克治疗，在渡过休克期后再运送至专科医院。如烧伤面积大于70%，则应于伤后1 h内送达医院，否则应就近进行抗休克治疗。如不能就近救治休克，必须在休克期转送时，则应在中途设立中转站，进行分段输液。

(2)运送前处理

必须运送的病人，运送前处理得当与否是运送成功的关键。运送前要做什么处理呢？凡是头、面、颈部深度烧伤有可能发生呼吸道梗阻者，或有可能发生重度吸入性损伤者，应采取措施保证呼吸道畅通，包括进行预防性气管切开术，同时应进行静脉输注液体，包括平衡盐液、血浆代用品(右旋糖酐、羟乙基淀粉等)、生理盐水，葡萄糖液等，待休克情况稳定后方可运送。伤员应注意保暖，特别是在寒冷季节、夜间、运输工具简陋(如敞篷卡车)条件下。需要时可适量应用镇静剂，在急救阶段已应用镇静剂者，应注意总剂量及用药时间间隔。创面应仔细保护，如急救阶段已进行包扎，可不予更换或仅更换外层已浸透之敷料，尽可能少扰动病人。

(3)运送途中注意事项

①保证持续输液、供氧。

②保持呼吸道通畅，对已行气管切开的患者，要防止气管导管脱落。

③留置导尿管，观察尿量，并做好进出液体总量记录。

④注意创面保护。

⑤注意复合伤的处理。

⑥注意给患者保暖。

⑦运输途中要尽可能避免颠簸，减少休克发生的可能性。

在所有建筑施工的意外事故中，烧伤是一种常见的损伤，需要每一位建筑从业人员平时多了解这方面的知识，增强自救意识和现场急救处理能力，尽可能减少和避免不必要的损伤。

运送伤员的工具与伤员体位要求

常用的运送工具为汽车,如有可能,病人取横放位置,即与汽车纵轴相垂直,如无可能则采取病人的足向车身的前方、头向车尾方向的位置。路途长又在铁路沿线的可利用火车,严重烧伤或成批烧伤可借用邮政车厢或加挂专用车厢。超过100 km的城市间运送,如有条件可用飞机或直升机。用飞机运送时,病人体位应取与飞机纵轴垂直的位置即横位,或起飞时,病人头部应向飞机尾侧,降落时应将病人换到足部向飞机尾侧的方向,这样可避免飞机起飞、降落时因惯性致使病人头部急剧缺血。

活动建议

1.组织学生到建筑施工企业现场参观,着重了解施工单位的安全救护设施设备情况。

2.聘请建筑施工企业的安全检查员到学校做建筑施工事故现场急救专题报告。

3.聘请医院、急救中心或行业协会专业人士到学校做建筑施工事故现场急救专题讲座。

练习作业

1.烧伤有哪些种类?相应的急救方法是什么?

2.对严重烧伤的病人在运送时要注意哪几个问题?

1.选择题

(1)在建筑施工中,导致人身意外事故的主要原因有(　　)。

A.高处坠落　　B.电击伤害　　C.物体打击　　D.机械伤害

(2)在建筑施工中,常见的人身意外事故主要有(　　)。

A.外伤出血　　B.烧伤　　C.触电　　D.骨折

(3)基本的急救技能包括(　　)。

A.人工呼吸　　B.心胸外按压　　C.止血　　D.搬运

(4)按照出血血管的种类,出血可分为(　　)。

A.动脉出血　　B.静脉出血　　C.毛细血管出血　　D.其他出血

(5)常用的止血方法有(　　)止血法。

A.指压　　B.加压包扎　　C.屈曲关节　　D.止血带

(6)触电急救应分秒必争,首先应使伤员(　　)。

A.尽快脱离电源　B.离开现场　C.保暖　D.止血

(7)在急救中,如发现伤员呼吸停止,但心搏存在,应立即做(　　)。

A.胸外心脏挤压　B.人工呼吸　C.送往医院　D.呼救

(8)在急救中,如发现伤员心搏停止,但呼吸存在,应立即做(　　)。

A.胸外心脏挤压　B.人工呼吸　C.送往医院　D.呼救

(9)在急救中,对烧伤伤员早期实施的最为有效而经济的救治手段是(　　)。

A.止血　B.热敷　C.冷疗　D.保暖

(10)伤员如出现口渴而频繁要水喝的早期休克症状时,可以给伤员喝(　　)。

A.开水　B.淡盐开水　C.糖开水　D.冷饮料

2.填空题

(1)院前急救是指在到达医院前对患者进行抢救,它分为________院前急救和________院前急救。

(2)在建筑施工生产过程中,从业人员都有可能发生外伤出血事故,如不及有效地处理,当出血量达到伤员血容量的________以上时,就会有生命危险。

(3)动脉出血,血液呈________,血流像喷泉,血柱有力,随心跳________;静脉出血,血呈________,不间断、均匀、缓慢地流出;毛细血管出血,只从伤口________,可自动止血。

(4)指压止血法的方法是用拇指压住出血血管________端(________心端),以此压闭血管,阻断血流而止血。这种止血方法主要用于________大出血的急救。

(5)对呼吸心跳均停止的伤员,应在施行________的同时施行________,以恢复呼吸和心跳,恢复全身器官的氧供应。

(6)当伤员脱离电源后,应立即检查伤员全身情况,特别是________和________,发现呼吸、心跳停止时,应立即________。

(7)烧伤救治的基本原则是:迅速________致伤源,立即________,就近急救和分类转送专科医院。

(8)患者被化学物质烧伤时,最简单、最有效的处理办法是:脱离现场后即刻脱去被化学物质沾染或浸透的衣服、手套、鞋袜等,用大量________冲洗烧伤处,时间不得少于________。

(9)对于头、面、颈部深度烧伤有可能发生呼吸道梗阻者,或有可能发生重度吸入性损伤者,应采取措施保证________。

(10)经过现场急救的________伤员,应迅速运送至附近的医院进行初期处理并住院治疗。

3.问答题

(1)为什么要开展建筑施工事故现场急救?

(2)加压包扎止血法要注意哪些问题?

(3)应如何开展触电事故的现场急救?

(4)对烧伤伤员的现场急救要注意哪几个主要环节?

4.运用题

(1)通过本章的学习,请结合自己的实际,谈谈对开展建筑施工现场安全急救的认识,以及有哪些收获与体会?

(2)通过本章建筑施工现场急救知识的学习,请你谈谈在今后的实际工作中将如何加以运用这些急救知识。

教学评估表见本书附录。

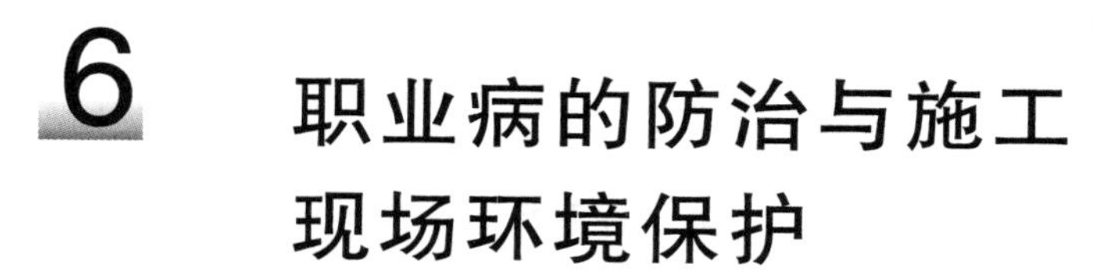

6 职业病的防治与施工现场环境保护

本章内容简介

常见的职业病及其防治

建筑工程施工现场环境与卫生

安全色及安全标识

本章教学目标

了解常见的职业病，懂得怎样预防和处理职业病

了解工程施工现场管理规定

掌握工程施工现场环境保护的内容和要求

能正确辨认安全颜色，并能正确设置安全标识图牌

6.1 建筑职业病的防治

问题引入

请同学们想一下,在你的周围有没有在施工中因天热而中暑的、因刷油漆而满脸肿大的现象呢?为什么会出现这种现象?下面,我们就来学习建筑施工中常见的职业病及其防治。

6.1.1 建筑施工中的有害因素

1)化学性因素

• 生产性毒物　如二氧化硫、一氧化碳、氯气、铅、汞、砷等,这些毒物会使大气受到污染,人体过度吸入会引起中毒。

• 生产性粉尘　建筑施工过程中产生大量的含游离二氧化硅的粉尘、硅酸盐粉尘、电焊粉尘等,这些粉尘通过呼吸道进入人的肺部,可引起肺部疾病。

• 放射性元素　施工中过量地接触铀、钍、镭等放射性元素会引起放射性疾病。

2)物理性因素

• 不良气象条件　建筑施工是室外作业,受自然气候条件的影响很大,如夏天的高温、热辐射会引起中暑、热痉挛,冬天的严寒会引起冻伤。

• 气压异常环境　如基础施工中的沉箱和潜水作业,因气压异常,可能引起潜水病。

• 振动和噪声　长期在振动和噪声中工作的人,可能患振动性疾病和职业性重听。

• 红外线和紫外线　施工中的红外线和紫外线主要来自夏季强烈的太阳光线和电焊、气焊、气割的弧光等,它们对人的眼睛有较严重的危害。

• 劳动强度大　建筑施工现场目前大多数工种都是手工作业,劳动强度大,且每天工作时间大多超过 8 小时,这也是产生职业病的原因之一。

6.1.2 建筑施工中常见职业病及其防治

1)铅中毒及其防治

建筑施工中从事铅作业的工种有直流电工、电气焊工、通风工、油漆工、安装电工等。

(1)铅中毒的途径和症状

铅中毒的主要途径是吸入铅,中毒的表现多为慢性,主要症状有疲乏无力、口中有金属味、食欲不振、四肢关节肌肉酸痛等。

职业病

由生产性有害因素引起的疾病，称为职业病。我国卫生健康委员会曾明确规定下列14种疾病为职业病：职业中毒、矽肺、热射病和热痉挛、日射病、职业性皮肤病、电光性眼炎、职业性重听、职业性白内障、潜水病、高山病和航空病、振动性疾病、放射性疾病、职业性森林脑炎、职业性炭疽。

只要生产性有害因素存在，就有发生职业病和工伤事故的可能，但如能切实做好预防工作，就可以将职业病和工伤事 … 发生率降到最低限度。

(2)铅 …

①处 … 关注铅吸收的情况，按中毒程度不同分别处理。

a.轻 … 处理，一般不必调整工作。

b.中 … ，原则上应调整工作，适当安排其他工作或休息。

c.重 … 作，给予积极治疗。

②预 …

a.消除 … 源。

b.改进 … 中的铅浓度。

c.定期 … 人防护和个人卫生。

2)锰中 …

锰中毒 … 的工种有电焊、气焊工种。毒性最大的是含锰焊条焊接时产生的含二氧化 …

(1)锰中 …

一般出现 … 高热，以及咽痛、咳嗽、气喘等症状。

(2)预防 …

①尽量采 … 动焊代替人工焊。

②下班后应进行全身淋浴。

③不在操作场地吸烟、喝水等。

④对中毒可疑人员要密切观察，如有异常，应当调整工作。

3)苯和汽油中毒及其防治

建筑施工中接触苯和汽油的作业主要是油漆、涂料、粘结和塑料作业。

(1)苯和汽油中毒后的症状

急性中毒会产生头痛、头晕、恶心、呕吐等症状，严重者若抢救不及时会导致死亡。慢性中毒多为明显的精神症状。

(2)预防措施

①用无毒物或低毒物代替甲苯。

②用先进的喷漆工艺代替手工喷漆。

③在密封场所操作时，应做好通风工作并戴防毒面具。

④缩短连续工作时间，搞好个人卫生，定期检查身体。

4）矽肺的防治

在建筑施工中会产生大量的粉尘，最常见的是水泥尘、木屑尘、铁锈尘和砂石尘，其中含游离二氧化硅的粉尘引起的矽肺病对人体危害最大。

易产生矽肺病的工种有凿岩工（风钻工）、爆破工、石工、筑炉工、喷砂工、水泥装卸及水泥搅拌工、翻砂造型工、清砂工、机械除锈工、制材工、磨锯工、电焊工等。

（1）症状

①一期矽肺患者，一般健康情况良好。

②二、三期矽肺患者，大多有气短、胸痛、咳嗽、咳痰等肺气肿特征，具有食欲不振、体重减轻、体力衰弱等全身症状。二、三期矽肺病患者应积极治疗，适当休息。

（2）预防措施

矽肺病的预防多采取综合治理方案，例如：

①改革生产工艺，采取湿式作业。

②局部抽风，密封除尘。

③加强个人防护，定期检查身体。

④采取相应的防尘除尘等技术措施。

5）高温中暑

（1）高温作业

高温作业是指在气温超过35 ℃，或辐射强度超过6.3 J/(cm^2 · min)的生产环境中作业，或在气温超过30 ℃、相对湿度超过80%的生产环境中作业。建筑施工的高温作业主要指夏季露天作业。高温作业容易产生中暑。

（2）中暑的分类

中暑分为热射病、热痉挛和日射病3种，但临床上难以区分，统称为中暑。

（3）中暑的症状

中暑的症状主要是头痛、头晕、眼花、耳鸣、呕吐、兴奋不安，重者可产生昏迷、抽搐、血压下降、瞳孔散大等危状。中暑轻者应适当休息，重者则应马上组织抢救。

（4）预防措施

夏天施工可采取早晚干活，延长中午休息时间，提供含盐防暑降温饮料，同时采取改革工艺、通风降温、合理安排施工时间等技术措施来预防中暑的发生。

6）噪声和振动

（1）噪声和振动的危害

人们长期在噪声超标的环境中工作容易造成职业性耳聋，并对神经、血管系统造成影响。长期接触振动性工作（挖土机、打夯机、振动棒、风镐等）会造成手的损伤，并损害神经。

（2）预防措施

①采取消声、吸声、隔声、隔振、阻尼等技术措施减轻噪声。

②个人可配戴防护耳塞和耳罩。

③采取措施减少手持振动作业,使用防振手套也可以大大减轻振动对人体的影响。

7)红外线和紫外线

(1)红外线和紫外线的来源

①夏季强烈的太阳光中,含有红外线和紫外线。

②施工中的红外线和紫外线主要来自电焊、气焊和气割等产生的弧光。

以上这两种射线对人的眼睛有较严重的危害。

(2)预防措施

①车间内要隔离作业。

②电焊时要注意排风。

③操作时必须配戴专用的防护面罩、防护眼镜,以及适宜的防护手套,不得有裸露的皮肤。

活动建议

模拟几个施工现场,并根据场景分析将会发生哪些职业危害?

练习作业

1.铅中毒常发生在哪些工种?应怎样防止铅中毒?

2.苯和汽油中毒常发生在哪些工种?应怎样防止苯和汽油中毒?

3.矽肺常发生在哪些工种?应怎样防止矽肺?

4.怎样预防施工中暑和减少噪声?

6.2 建筑工程施工现场环境与卫生

问题引入

施工现场的各种粉尘、废气、废水、固体废弃物以及噪声等不仅污染环境，还会对施工人员的身体健康造成危害，同时对周边地区的环境和人体健康产生严重影响。因此，国家十分重视建筑施工现场的环境保护，并出台了各种法律法规。你知道国家对建设环境保护出台了哪些法律法规吗？如何对施工现场进行环境管理？下面，我们就来学习建筑施工的环境保护管理。

6.2.1 国家有关建设环境保护的主要规定

1)《中华人民共和国环境保护法》

2014 年 4 月 24 日修订的《中华人民共和国环境保护法》相关规定如下：

①一切单位和个人都有保护环境的义务。地方各级人民政府应当对本行政区域的环境质量负责。企业事业单位和其他生产经营者应当防止、减少环境污染和生态破坏，对所造成的损害依法承担责任。公民应当增强环境保护意识，采取低碳、节俭的生活方式，自觉履行环境保护义务。

②排放污染物的企业事业单位和其他生产经营者，应当采取措施，防治在生产建设或者其他活动中产生的废气、废水、废渣、医疗废物、粉尘、恶臭气体、放射性物质以及噪声、振动、光辐射、电磁辐射等对环境的污染和危害，排放污染物的企业事业单位，应当建立环境保护责任制度，明确单位负责人和相关人员的责任。重点排污单位应当按照国家有关规定和监测规范安装使用监测设备，保证监测设备正常运行，保存原始监测记录。严禁通过暗管、渗井、渗坑、灌注或者篡改、伪造监测数据，或者不正常运行防治污染设施等逃避监管的方式违法排放污染物。

③建设项目中防治污染的设施，应当与主体工程同时设计、同时施工、同时投产使用。防治污染的设施应当符合经批准的环境影响评价文件的要求，不得擅自拆除或者闲置。

④国家依照法律规定实行排污许可管理制度。实行排污许可管理的企业事业单位和其他生产经营者应当按照排污许可证的要求排放污染物；未取得排污许可证的，不得排放污染物。

⑤排放污染物的企业事业单位和其他生产经营者，应当按照国家有关规定缴纳排污费。排污费应当全部专项用于环境污染防治，任何单位和个人不得截留、挤占或者挪作他用。依照法律规定征收环境保护税的，不再征收排污费。

⑥建设项目未依法进行环境影响评价，被责令停止建设，拒不执行；未取得排污许可证排放污染物，被责令停止排污，拒不执行；通过暗管、渗井、渗坑、灌注或者篡改、伪造监测数据，或

者不正常运行防治污染设施等逃避监管的方式违法排放污染物之一者。尚不构成犯罪的，除依照有关法律法规规定予以处罚外，由县级以上人民政府环境保护主管部门或者其他有关部门将案件移送公安机关，对其直接负责的主管人员和其他直接责任人员，处十日以上十五日以下拘留；情节较轻的，处五日以上十日以下拘留。

⑦违反本法规定，构成犯罪的，依法追究刑事责任。

2)《建设项目环境保护管理条例》

《建设项目环境保护管理条例》于 2017 年 7 月修订，由国务院发布实施，分环境影响评价、环境保护设施建设、法律责任等内容，涉及的主要规定有：

①建设项目必须执行环境影响评价制度。

②根据建设项目对环境的影响程度，对建设项目的环境保护实行分类管理。对环境可能造成重大影响的，应当编制环境影响报告书，对建设项目产生的污染和对环境的影响进行全面、详细的评价；对环境可能造成轻度影响的，应当编制环境影响报告表，对建设项目产生的污染和对环境的影响进行分析或者专项评价；对环境影响很小，不需要进行环境影响评价的，应当填报环境影响登记表。

③依法应当编制环境影响报告书、环境影响报告表的建设项目，建设单位应当在开工建设前将环境影响报告书、环境影响报告表报有审批权的环境保护行政主管部门审批；建设项目的环境影响评价文件未依法经审批部门审查或者审查后未予批准的，建设单位不得开工建设。

④建设项目需要配套建设的环境保护设施，必须与主体工程同时设计、同时施工、同时投产使用。

⑤编制环境影响报告书、环境影响报告表的建设项目竣工后，建设单位应当按照国务院环境保护行政主管部门规定的标准和程序，对配套建设的环境保护设施进行验收，编制验收报告。除按照国家规定需要保密的情形外，建设单位应当依法向社会公开验收报告。

⑥编制环境影响报告书、环境影响报告表的建设项目，其配套建设的环境保护设施经验收合格，方可投入生产或者使用；未经验收或者验收不合格的，不得投入生产或者使用。建设项目投入生产或者使用后，应当按照国务院环境保护行政主管部门的规定开展环境影响后评价。

⑦环境保护行政主管部门应当对建设项目环境保护设施设计、施工、验收、投入生产或者使用情况，以及有关环境影响评价文件确定的其他环境保护措施的落实情况，进行监督检查。对建设项目有关环境违法信息记入社会诚信档案，及时向社会公开违法者名单。

⑧对建设项目环境影响报告书、环境影响报告表未依法报批或者报请重新审核；环境影响报告书、环境影响报告表未经批准或者重新审核同意，擅自开工建设；或环境影响登记表未依法备案；配套建设的环境保护设施未建成、未经验收或者验收不合格即投入生产或者使用；或在环境保护设施验收中弄虚作假等，此条例均有相关处罚条款。

6.2.2 建筑工程施工现场环境与卫生标准

为节约能源资源，保护环境，创建整洁文明的施工现场，保障施工人员的身体健康和生命安全，改善建设工程施工现场的工作环境与生活条件，2013 年 11 月 8 日，住房城乡建设部修订颁布了《建筑工程施工现场环境与卫生标准》(JGJ 146—2013)，并于 2014 年 6 月 1 日实施。

1)基本规定

①建设工程施工总承包单位应对施工现场的环境与卫生负总责,分包单位应服从总承包单位的管理。参建单位及现场人员应有维护施工现场环境与卫生的责任和义务。

②建设工程的环境与卫生管理应纳入施工组织设计或编制专项方案,应明确环境与卫生管理的目标和措施。

③施工现场应建立环境与卫生管理制度,落实管理责任,应定期检查并记录。

④建设工程的参建单位应根据法律法规的规定,针对可能发生的环境、卫生等突发事件建立应急管理体系,制定相应的应急预案并组织演练。

⑤当施工现场发生有关环境、卫生等突发事件时,应按相关规定及时向施工现场所在地建设行政主管部门和相关部门报告,并应配合调查处置。

⑥施工人员的教育培训、考核应包括环境与卫生等有关内容。

⑦施工现场临时设施、临时道路的设置应科学合理,并应符合安全、消防、节能、环保等有关规定。施工区、材料加工及存放区应与办公区、生活区划分清晰,并应采取相应的隔离措施。

⑧施工现场应实行封闭管理,并应采用硬质围挡。市区主要路段的施工现场围挡高度不应低于2.5 m,一般路段围挡高度不应低于1.8 m。围挡应牢固、稳定、整洁。距离交通路口20 m范围内占据道路施工设置的围挡,其0.8 m以上部分应采用通透性围挡,并应采取交通疏导和警示措施。

⑨施工现场出入口应标有企业名称或企业标识。主要出入口明显处应设置工程概况牌,施工现场大门内应有施工现场总平面图和安全管理、环境保护与绿色施工、消防保卫等制度牌和宣传栏。

⑩施工单位应采取有效的安全防护措施。参建单位必须为施工人员提供必备的劳动防护用品,施工人员应正确使用劳动防护用品。劳动防护用品应符合现行行业标准《建筑施工作业劳动防护用品配备及使用标准》(JGJ 184—2016)的规定。

⑪有毒有害作业场所应在醒目位置设置安全警示标识,并应符合现行国家标准《工作场所职业病危害警示标识》(GBZ 158—2003)的规定。施工单位应依据有关规定对从事有职业病危害作业的人员定期进行体检和培训。

⑫施工单位应根据季节气候特点,做好施工人员的饮食卫生和防暑降温、防寒保暖、防中毒、卫生防疫等工作。

2)绿色施工

(1)节约能源资源

①施工总平面布置、临时设施的布局设计及材料选用应科学合理,节约能源。临时用电设备及器具应选用节能型产品。施工现场宜利用新能源和可再生资源。

②施工现场宜利用拟建道路路基作为临时道路路基。临时设施应利用既有建筑物、构筑物和设施。土方施工应优化施工方案,减少土方开挖和回填量。

③施工现场周转材料宜选择金属、化学合成材料等可回收再利用产品代替,并应加强保养维护,提高周转率。

④施工现场应合理安排材料进场计划,减少二次搬运,并应实行限额领料。

⑤施工现场办公应利用信息化管理,减少办公用品的使用及消耗。

⑥施工现场生产生活用水用电等资源能源的消耗应实行计量管理。

⑦施工现场应保护地下水资源。采取施工降水时,应执行国家及当地有关水资源保护的规定,并应综合利用抽排出的地下水。

⑧施工现场应采用节水器具,并应设置节水标识。

⑨施工现场宜设置废水回收、循环再利用设施,宜对雨水进行收集利用。

⑩施工现场应对可回收再利用物资及时分拣、回收、再利用。

(2)大气污染防治

①施工现场的主要道路应进行硬化处理。裸露的场地和堆放的土方应采取覆盖、固化或绿化等措施。

②施工现场土方作业应采取防止扬尘措施,主要道路应定期清扫、洒水。

③拆除建筑物或构筑物时,应采用隔离、洒水等降噪、降尘措施,并应及时清理废弃物。

④土方和建筑垃圾的运输必须采用封闭式运输车辆或采取覆盖措施。施工现场出口处应设置车辆冲洗设施,并应对驶出车辆进行清洗。

⑤建筑物内垃圾应采用容器或搭设专用封闭式垃圾道的方式清运,严禁凌空抛掷。

⑥施工现场严禁焚烧各类废弃物。

⑦在规定区域内的施工现场应使用预拌混凝土及预拌砂浆。采用现场搅拌混凝土或砂浆的场所应采取封闭、降尘、降噪措施。水泥和其他易飞扬的细颗粒建筑材料应密闭存放或采取覆盖等措施。

⑧当市政道路施工进行铣刨、切割等作业时,应采取有效防扬尘措施。灰土和无机料应采用预拌进场,碾压过程中应洒水降尘。

⑨城镇、旅游景点、重点文物保护区及人口密集区的施工现场应使用清洁能源。

⑩施工现场的机械设备、车辆的尾气排放应符合国家环保排放标准。

⑪当环境空气质量指数达到中度及以上污染时,施工现场应增加洒水频次,加强覆盖措施,减少易造成大气污染的施工作业。

(3)水土污染防治

①施工现场应设置排水沟及沉淀池,施工污水应经沉淀处理达到排放标准后,方可排入市政污水管网。

②废弃的降水井应及时回填,并应封闭井口,防止污染地下水。

③施工现场临时厕所的化粪池应进行防渗漏处理。

④施工现场存放的油料和化学溶剂等物品应设置专用库房,地面应进行防渗漏处理。

⑤施工现场的危险废物应按国家有关规定处理,严禁填埋。

(4)施工噪声及光污染防治

①施工现场场界噪声排放应符合现行国家标准《建筑施工场界环境噪声排放标准》(GB 12523—2011)的规定。施工现场应对场界噪声排放进行监测、记录和控制,并应采取降低噪声的措施。

②施工现场宜选用低噪声、低振动的设备,强噪声设备宜设置在远离居民区的一侧,并应采用隔声、吸声材料搭设防护棚或屏障。

③进入施工现场的车辆严禁鸣笛。装卸材料应轻拿轻放。

④因生产工艺要求或其他特殊需要,确需进行夜间施工的,施工单位应加强噪声控制,并应减少人为噪声。

⑤施工现场应对强光作业和照明灯具采取遮挡措施,减少对周边居民和环境的影响。

3)环境卫生

(1)临时设施

①施工现场应设置办公室、宿舍、食堂、厕所、盥洗设施、淋浴房、开水间、文体活动室、职工夜校等临时设施。文体活动室应配备文体活动设施和用品。尚未竣工的建筑物内严禁设置宿舍。

②生活区、办公区的通道、楼梯处应设置应急疏散、逃生指示标识和应急照明灯。宿舍内宜设置烟感报警装置。

③施工现场应设置封闭式建筑垃圾站。办公区和生活区应设置封闭式垃圾容器。生活垃圾应分类存放,并应及时清运、消纳。

④施工现场应配备常用药及绷带、止血带、担架等急救器材。

⑤宿舍内应保证必要的生活空间,室内净高不得小于 2.5 m,通道宽度不得小于 0.9 m,住宿人员人均面积不得小于 2.5 m^2,每间宿舍居住人员不得超过 16 人。宿舍应有专人负责管理,床头宜设置姓名卡。

⑥施工现场生活区宿舍、休息室必须设置可开启式外窗,床铺不应超过 2 层,不得使用通铺。

⑦施工现场宜采用集中供暖,使用炉火取暖时应采取防止一氧化碳中毒的措施。彩钢板活动房严禁使用炉火或明火取暖。

⑧宿舍内应有防暑降温措施。宿舍应设置生活用品专柜、鞋柜或鞋架、垃圾桶等生活设施。生活区应提供晾晒衣物的场所和晾衣架。

⑨宿舍照明电源宜选用安全电压,采用强电照明的宜使用限流器。生活区宜单独设置手机充电柜或充电房间。

⑩食堂应设置在远离厕所、垃圾站、有毒有害场所等有污染源的地方。

⑪食堂应设置隔油池,并应定期清理。

⑫食堂应设置独立的制作间、储藏间,门扇下方应设不低于 0.2 m 的防鼠挡板。制作间灶台及其周边应采取易清洁、耐擦洗措施,墙面处理高度应大于 1.5 m,地面应做硬化和防滑处理,并应保持墙面、地面整洁。

⑬食堂应配备必要的排风和冷藏设施,宜设置通风天窗和油烟净化装置,油烟净化装置应定期清洗。

⑭食堂宜使用电炊具。使用燃气的食堂,燃气罐应单独设置存放间并应加装燃气报警装置,存放间应通风良好并严禁存放其他物品。供气单位资质应齐全,气源应有可追溯性。

⑮食堂制作间的炊具宜存放在封闭的橱柜内,刀、盆、案板等炊具应生熟分开。

⑯食堂制作间、锅炉房、可燃材料库房及易燃易爆危险品库房等应采用单层建筑,应与宿舍和办公用房分别设置,并应按相关规定保持安全距离。临时用房内设置的食堂、库房和会议室应设在首层。

⑰易燃易爆危险品库房应使用不燃材料搭建，面积不应超过 200 m^2。

⑱施工现场应设置水冲式或移动式厕所，厕所地面应硬化，门窗应齐全并通风良好。厕位宜设置门及隔板，高度不应小于 0.9 m。

⑲厕所面积应根据施工人员数量设置。厕所应设专人负责，定期清扫、消毒，化粪池应及时清掏。高层建筑施工超过 8 层时，宜每隔 4 层设置临时厕所。

⑳淋浴间内应设置满足需要的淋浴喷头，并应设置储衣柜或挂衣架。

㉑施工现场应设置满足施工人员使用的盥洗设施。盥洗设施的下水管口应设置过滤网，并应与市政污水管线连接，排水应通畅。

㉒生活区应设置开水炉、电热水器或保温水桶，施工区应配备流动保温水桶。开水炉、电热水器、保温水桶应上锁并由专人负责管理。

㉓未经施工总承包单位批准，施工现场和生活区不得使用电热器具。

(2) 卫生防疫

①办公区和生活区应设专职或兼职保洁员，并应采取灭鼠、灭蚊蝇、灭蟑螂等措施。

②食堂应取得相关部门颁发的许可证，并应悬挂在制作间醒目位置。炊事人员必须经体检合格并持证上岗。

③炊事人员上岗应穿戴洁净的工作服、工作帽和口罩，并应保持个人卫生。非炊事人员不得随意进入食堂制作间。

④食堂的炊具、餐具和公用饮水器具应及时清洗定期消毒。

⑤施工现场应加强食品、原料的进货管理，建立食品、原料采购台账，保存原始采购单据。严禁购买无照、无证商贩的食品和原料。食堂应按许可范围经营，严禁制售易导致食物中毒食品和变质食品。

⑥生熟食品应分开加工和保管，存放成品或半成品的器皿应有耐冲洗的生熟标识。成品或半成品应遮盖，遮盖物品应有正反面标识。各种佐料和副食应存放在密闭器皿内，并应有标识。

⑦存放食品原料的储藏间或库房应有通风、防潮、防虫、防鼠等措施，库房不得兼作他用。粮食存放台距墙和地面应大于 0.2 m。

⑧当施工现场遇突发疫情时，应及时上报，并应按卫生防疫部门相关规定进行处理。

4) 施工现场环境保护资料管理

为保证现场环保工作的切实执行，应做好资料的建立和归档工作，应归档的资料主要有以下 6 类：

①环境保护审批表（含平面布置图）：根据“三同时”原则，施工单位应根据施工项目特点和施工地点的要求，在施工组织设计的同时，制订环保措施（含平面布置图），报请当地环保部门批准。

②施工单位环保领导管理体系网络图：网络图中应详细列出领导到污染源的各层环境保护机构及人员，做到建制设岗、层层落实。

③现场管理制度和规定：根据国家和地区环保方面的有关规定，结合工程项目的特点和施工单位的实际情况，制订切实可行的管理制度和规定。

④污染源登记表：按施工现场的污染源逐项登记。

⑤各种记录:包括噪声监测记录、烟尘监测记录、教育活动记录、现场检评记录等。

⑥其他有关资料:包括上级下发的有关环保文件和通知,有关环境保护方面的技术革新资料等。

将全班同学分为6个小组,分别由6位教师带到不同的工地,参观、了解并检查施工现场的环境卫生情况以及环境保护管理条文是否完整,相关的档案资料是否齐全、规范,根据了解检查的实际情况,写出检查报告。假设你是工地的安全员,请写出整改方案。

练习作业

1.建筑工程施工现场环境与卫生标准的基本规定有哪些?

2.施工现场环境保护的“三防”是什么?

6.3 安全色和安全标志

问题引入

不同的颜色给人以不同的感受。如人们看到红色的火焰,就感到危险,看到人体流出的红色鲜血就感到恐怖;看到碧绿、广阔的原野和森林,蔚蓝的天空,就感到心情舒畅、平静。安全色就是根据不同颜色使人们产生不同感受的这个特性来确定的。那么,有哪些安全色,它们代表什么含义?常见的安全标志有哪些,它们有什么含义呢?下面我们就来认识安全色和安全标志。

安全色和安全标志是用特定的颜色和标志,从保证安全需要出发,采用一定的形象,醒目地给人们以提醒、指示、警告或命令。其目的是使人们迅速地发现或分辨出安全标志,避免进入危险场所或做出危险的行为。它还可以提醒人们在生产和生活过程中要遵纪守法,小心谨慎,注意安全。这样,一旦遇到紧急情况,就能及时、正确地采取应急措施,或安全撤离现场。

6.3.1 安全色

安全色是表达“禁止”“警告”“指令”和“提示”等安全信息含义的颜色,要求引人注目并容易辨认。我国的国家标准《图形符号 安全色和安全标志 第1部分:安全标志和安全标记的设计原则》(GB/T 2893.1—2013)采用红、黄、蓝、绿4种颜色,这4种颜色的含义见表6.1。

表6.1 安全色的含义及用途

颜色	含 义	用途举例
红色	禁止、停止、防火	禁止标志、停止信号(用于机器、车辆上的紧急停止手柄或按钮,以及禁止人们触动的部位)
蓝色	指令、必须遵守的规定	指令标志(如必须佩带个人防护用具,道路上指引车辆和行人行驶方向的指令)
黄色	警告、注意	警告标志、警戒标志(如厂内危险机器和坑池边周围的警戒线、行车道中线、机械齿轮箱内部、安全帽)
绿色	提示、安全状态、通行	提示标志(车间内的安全通道标志、行人和车辆通行标志、消防设备和其他安全保护设备的位置)

6.3.2 安全标志

安全标志由安全色、几何图形和符号构成,其目的是引起人们对不安全因素、不安全环境的注意,预防事故发生。在国家标准《图形符号　安全色和安全标志　第1部分:安全标志和安全标记的设计原则》(GB/T 2893.1—2013)中,规定了5大类(禁止、警告、指令、安全状况和消防设施)安全标志。

1)禁止标志

基本图形为⃠,圆环内的图形符号用黑色,背景用白色,圆形条带和斜杠用红色,如图6.1所示。

图6.1　禁止标志

2)警告标志

基本图形为△,背景色为黄色,三角形条带和图形符号为黑色,如图6.2所示。

注 意 安 全
当 心 火 灾
当 心 爆 炸
当 心 腐 蚀
当 心 有 毒
当 心 触 电
当心机械伤人
当 心 伤 手
当 心 吊 物
当 心 扎 脚
当 心 落 物
当 心 坠 落
当 心 车 辆
当 心 弧 光
当 心 冒 顶
当 心 瓦 斯
当 心 塌 方
当 心 坑 洞

图 6.2 警告标志

3）指令标志

基本图形为●，背景色为蓝色，图形符号为白色，如图 6.3 所示。

图 6.3　指令标志

4）安全状况标志

基本图形为■，背景色为绿色，图形符号为白色，如图 6.4 所示。

图 6.4　安全状况标志

5）消防设施标志

基本图形为■，背景色为红色，图形符号为白色，如图 6.5 所示。

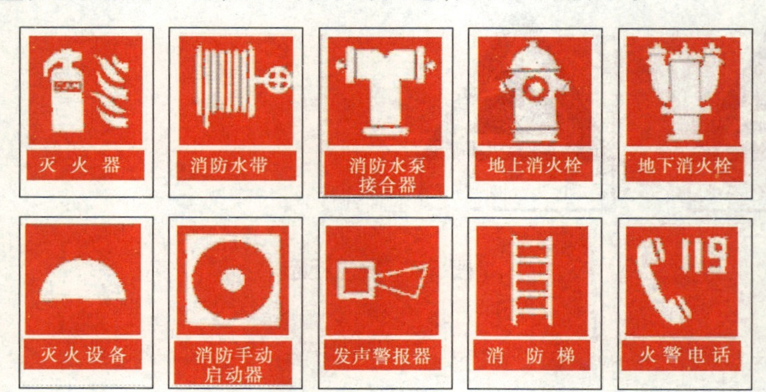

图 6.5　消防设施标志

6.3.3 施工现场安全标志的要求

目前,建筑施工现场的安全标志少而乱,很多危险的部位和要求施工人员特别注意的地方没有安全标志。有安全标志的地方,其图形和颜色也未按国家规范制作。为发挥安全标志的作用,应注意以下几点:

①安全标志应以公司为单位,按国家标准统一制作、统一发放。

②安全标志应使用坚固耐用的材料制作。

③安全标志要设立在醒目与安全有关的地方,并安放牢固。

④安全标志每年至少检查一次,发现有变形、破坏、图形符号脱落和掉色等,应及时修整或更换。

练习作业

1.识别下列安全标志。

2.安全色各种颜色代表什么含义?

3.国家标准规定的5大类安全标志是什么?

学习鉴定

1.填空题

(1)建筑施工中对人体不利的有害因素总体来说有两种,即________和________。

(2)建筑施工中,常见的职业病有铅中毒、________、________、矽肺、________、高温中暑、________、红外线和紫外线伤害等。

(3)环境保护法中的“三同时”是指:________、________、同时投产。

(4)建筑施工现场环境保护的“三防”是指:________、________、________。

(5)安全色是表达________、________、________、________等安全信息含义的颜色。其中红色表示________________________。

(6)禁止标志是用________________图形表示。

(7)施工现场的安全标志每年至少检查________次。

2.判断题

(1)锰中毒一般出现头痛、恶心、寒战、高热,以及咽痛、咳嗽、气喘等症状。 ( )

(2)三期矽肺患者一般健康情况良好。 ( )

(3)人们长期在噪声超标的环境中工作容易造成职业性耳聋,施工中应防止噪声污染。 ( )

(4)高温作业是指在气温超过 30 ℃,或辐射强度超过 6.3 $J/(cm^2 \cdot min)$的生产环境中作业。 ( )

(5)建筑施工现场环境保护项目及内容一般可以概括为“八治理”。 ( )

(6)施工中应合理安排时间,一般不超过晚上 24:00,以减轻噪声扰民。 ( )

(7)安全标志必须设在醒目且与安全有关的地方。 ( )

(8)警告标志是以绿色为背景的正方形几何图形,配以白色的文字和图形符号,并用白色箭头表明目标的方向。 ( )

3.简答题

(1)建筑施工中应如何防止高温中暑?

(2)对建筑施工现场场容有什么要求?

(3)施工现场的施工废水应如何处理?

(4)施工现场环境保护资料主要包括哪些内容?

(5)如何在施工现场设置安全标志?

教学评估表见本书附录。

附 录

教学评估表

姓名:________ 班级:________ 课题名称:____________日期:________

本调查问卷主要用于对新课程的调查,可以自愿选择署名或匿名方式填写问卷。

1.根据自己的情况在相应的栏目打“√”。

评估等级 评估项目	非常赞成	赞成	无可奉告	不赞成	非常不赞成
(1)我对本课题学习很感兴趣					
(2)教师组织得很好,有准备并讲述得清楚					
(3)教师运用了各种不同的教学方法来帮助我的学习					
(4)本课题的学习能够帮助我获得能力					
(5)有视听材料,包括实物、图片、录像等,它们帮助我更好理解教材内容					
(6)教师教学经验丰富					
(7)教师乐于助人、平易近人					
(8)教师能够为学生营造合适的学习气氛					
(9)我完全理解并掌握了所学知识和技能					
(10)授课方式适合我的学习风格					
(11)我喜欢这门课中的各种学习活动					
(12)学习活动能够有效地帮助我学习该课程					
(13)我有机会参与学习活动					
(14)每个活动结束都有归纳与总结					
(15)教材编排版式新颖,有利于我学习					
(16)教材使用的语言、文字通俗易懂,有对专业词汇的解释,利于我自学					
(17)教学内容难易程度合适,符合我的需求					
(18)教材为我完成学习任务提供了足够信息					
(19)教材提供的练习活动使我技能增强了					
(20)我对胜任今后的工作更有信心					

2.你认为教学活动使用的视听教学设备：

合适 □　　太多 □　　太少 □

3.教师讲述、学生小组讨论和小组活动安排的比例：

讲课太多 □　　讨论太多 □　　练习太多 □　　活动太多 □

恰到好处 □

4.教学的进度：

太快 □　　正合适 □　　太慢 □

5.活动安排的时间长短：

正合适 □　　太长 □　　太短 □

6.本章我最喜欢的教学活动是：

7.本章我最需要帮助的是：

8.我对本章进一步改进教学活动的建议是：

参考文献

[1] 方东平,黄新宇,Jimmie Hinze.工程建设安全管理[M].2版.北京:中国水利水电出版社,知识产权出版社,2005.

[2] 董颇.建设工程安全生产技术与管理[M].武汉:武汉理工大学出版社,2004.

[3] 赵际萍.建筑工地安全知识图集[M].上海:同济大学出版社,2005.

[4] 武星户.急救一点通[M].北京:中国建材工业出版社,2005.

[5] 北京师大,华东师大,东北师大,等.人体组织解剖学[M].2版.北京:高等教育出版社,1989.

[6] 王玢.人体及动物生理学[M].北京:高等教育出版社,1986.